原来世界这么有趣

原来物理这么奇妙：

揭开物理不可思议的一面

[日] 松原隆彦 著

吕艳 译

四川科学技术出版社

图书在版编目（CIP）数据

原来物理这么奇妙 ：揭开物理不可思议的一面 /（日）松原隆彦著 ；吕艳译．-- 成都 ：四川科学技术出版社，2023.6
（原来世界这么有趣）
ISBN 978-7-5727-0993-7

Ⅰ．①原… Ⅱ．①松… ②吕… Ⅲ．①物理学—普及读物 Ⅳ．①04-49

中国版本图书馆CIP数据核字（2023）第092227号

四川省版权局著作合同登记号：图进字21-2023-83

原来世界这么有趣
YUANLAI SHIJIE ZHEME YOUQU

原来物理这么奇妙：揭开物理不可思议的一面
YUANLAI WULI ZHEME QIMIAO：JIEKAI WULI BUKE SIYI DE YIMIAN

著　　者　[日]松原隆彦
译　　者　吕　艳

出 品 人　程佳月
责任编辑　张　姗
封面设计　即刻设计
责任出版　欧晓春
出版发行　四川科学技术出版社
　　　　　成都市锦江区三色路238号　邮政编码 610023
　　　　　官方微博 http://weibo.com/sckjcbs
　　　　　官方微信公众号 sckjcbs
　　　　　传真 028-86361756
成品尺寸　145 mm×210 mm
印　　张　6.75
字　　数　135千
印　　刷　天津明都商贸有限公司
版　　次　2023年6月第 1 版
印　　次　2023年6月第 1 次印刷
定　　价　59.80元

ISBN　978-7-5727-0993-7

邮　　购：成都市锦江区三色路238号新华之星A座25层　邮政编码：610023
电　　话：028-86361770

前　言

为了把物理学的乐趣传达给那些非物理专业或者在学生时代不喜欢物理的人，我曾于 2019 年 3 月出版了一本作品。在那本书中，我曾对发生在身边的一些现象进行了阐述，例如：为什么天空是蓝色的，为什么我们收得到电子邮件，等等。除此之外，我还专门介绍了物理学的两大理论，即“相对论”和“量子力学”。因此，书中也展开了许多我们很少在日常生活中遇到过的宇宙层面的宏观世界和原子内部等微观世界的话题讨论。

在本书中，我将尝试以日常生活中的“为什么”作为主题。

在孩子成长的过程中，有一个总爱追问“为什么”的重要的阶段，在此期间，他们会对身边的各种事物产生兴趣，并不断向家长发问，比如，他们会问：“为什么天空是蓝色的？”

长大之后，我们就不能再左一句“为什么”，右一句“为什么”了，但那个曾经困扰着我们的问题是否已经得到解决了呢？除了那些“历史遗留问题”，我们周遭的“为什么”还在不断增加。例如现在涌现出许多使生活更加便利的电器，虽然用起来非常方便，但我们却不知道它背后的工作原理是什么。

智能手机已成为我们日常生活中不可或缺的一部分，但它的信号是如何传播的呢？为什么车身很高的公共汽车在转弯时不会发生侧翻？冰块是固体，可它为什么能浮在液态的水面上？

只要掌握相关的物理学知识，我们身边的这些“为什么”自然迎刃而解。

在解答这些“为什么”的同时，我们还可以了解电波、光、原子及其他各种粒子的性质，物理学也渐渐渗透到我们身边的每一个角落。

提起相对论和量子力学，有人甚至觉得这像另一个陌生世界的法则，实际上它们也适用于我们所熟悉的事物。例如在研发 CD（激光唱片）、打印机和计算机鼠标等设备中使用到的激光时，量子力学绝对称得上是头号功臣。而物理学巨匠爱因斯坦（创立了相对论）的发现，则奠定了物理学的根基。

很多在学生时代不喜欢物理的人对物理学往往存在误解，他们认为物理是“一门只能在不切实际的假设中开展计算的学科”，现实世界与物理仿佛已经在这些人的固有印象中被

彻底切断。然而，物理学原本就来源于人类对于世界运转机理和原理的追求，了解物理学才能了解我们所生存的世界。

另一方面，了解物理学会让你对之前觉得理所当然且漠不关心的事物产生兴趣，并从中获取新的发现。例如，时间并不限于从过去流向未来，令人感觉“硬”的物体与人体内部一样存在很多空隙，我们感觉到的“温暖”其实是分子振动引起的……

通过学习物理学，你会发现一些事物变得清晰了，而另一些则变得更加扑朔迷离，这种体验在我看来真是其乐无穷。

目录

第1章 时间并未流逝

第2章 物理学在智能手机中的运用

第 3 章　有魔力的水

第4章 隐藏在日常生活中的神秘物理学

第5章 对医疗产生深刻影响的物理学

第 6 章　物理学家的过去和现在

第 7 章　“理所”未必“应当”

第1章 时间并未流逝

01

关于时间，你知道的都是“错”的

在我们的印象中，时间自然而然是由过去、现在和未来构成，它就像是一条河流，从过去流向未来。

在物理学中并没有时间流逝的概念，更准确地说，是“尚未发现”。

物理学认为，时间只是一个“标记”，也可以叫它“备忘贴”，作用是通过数字说明“在某一节点发生了某事”。假设以一定的速度投球，通过牛顿力学，我们可以推算出球会在 1 秒钟、2 秒钟、3 秒钟后分别以怎样的速度到达某个位置。换句话说，我们可以预知在某个时间节点将迎来怎样的未来，但又不能将其理解为一种联动（流逝）。

归根结底，那只不过是由 1 秒种、2 秒钟、3 秒钟等不同节点共同构成的未来。

未来如此，过去亦是如此。例如，大爆炸宇宙论中有关宇宙爆炸简史的描述是这样的：“大爆炸后几秒钟发生了什么，再过几秒钟后又发生了什么”，通过这种方式对节点进行描述。

在物理学理论中，过去、现在、未来本就是一种组合形式，人们按一定的顺序观察，时间便仿佛流动了起来。这就像看手翻漫画，当我们快速翻动时，漫画中的图案看上去就好像在动，但实际上那只是一幅幅静态图片，每一幅静态图片都分别代表了“当下节点所发生的事情”。当然，

我们不必一定按照顺序来翻看手翻漫画（但这也意味着读者感觉不到图案的动态呈现），物理学也是如此，我们不必按照从过去到未来的顺序体验世界。

写到这里，我不得不再次重申，时间只是一个标记。至于说“时间到底是什么”，作为一名物理学者，我无法做出回答。

空间亦是如此，显而易见，空间就存在于我们身边，是看得见、量得出的，因此不能说空间“不存在”。当有人问你“空间到底是什么”时，我们又该如何作答呢？事实上，空间同样只是一个标记，你可以通过“距离多少米”或者“有多少平方米”来描述某一个空间，但在我们的认知范围内，对于空间的描述也仅此而已。

时间和空间紧密相关，如果我们不了解“到底什么是空间”，自然也就搞不清楚“何为时间”；反之亦然。

物理学的本质就是通过实验的手段对一些事物和现象展开研究，对于“何为时间”这个问题，物理学家有各种不同的看法。有人认为是人脑创造了时间，“时间不会流逝，甚至世界上根本就不存在时间，它是在人类认识客观事物的过程中出现的”；也有人赞同美国物理学家约翰·阿奇博尔德·惠勒“不只是时间，就连空间、物质也都不存在，万物

源自比特，信息是万事万物存在的本质”的说法。惠勒是我最喜爱的物理学家之一，他的想法是独一无二的，他曾因提出黑洞概念而闻名世界，是从事基本粒子理论和相对论研究的大师。

关于时间的假设多种多样，但当今的物理科学还没能给出一个让人信服的、有实验支持的答案。

理论是否准确，取决于实验和观察的结果能否被正确解释或预测，因此，没有经过实践检验的理论，无论多么美妙都注定没有分量，不会为人所承认（不过有些理论即使当时不为人所承认，通常也会通过其他途径重见天日）。

时间是什么？为什么时间总是从过去流向未来？

无论一个理论多么美妙和富有魅力，只要无法通过实验证实，便意味着它目前还不能够成为物理研究的课题。

在物理学中，时间只是一个标记；无法通过实验证实的理论，再美也只是假设。

02

你对“顺序”的认知，往往也是“错”的

我们的内心和意识都能感觉到时间在流逝，因此才会认为“时间是流动的”。然而事实经过和我们意识中的时间流逝并不总是一致的，生活中也经常会出现记忆中某些事件发生的顺序与实际情况颠倒的现象。

实验结果表明，事件发生的顺序有时和大脑构建的顺序是相反的。

在棒球比赛中，某位球员击出了安打，赛后接受记者采访时，他可能会说：“当时投手投出一记弧线球，我瞄准来球，抓准时机，完成了致命一击。”从运动学的角度来看，棒球球速可达每小时 150 千米，球从投手投出并到达本垒的过程大约只需要 0.4 秒，人无法在这么短的时间

内对轨迹多变的来球做出反应，因此所谓“瞄准来球，抓准时机”是不可能的。

实际上，如果从物理学的角度来解读棒球比赛的过程，正确的顺序应该是击球手在投手将球投出前便已经自主预测了球的走向，从而快速瞄准并有效击球。

可是对于击球手而言并非如此，他认为自己看到了投手投球后，球划出了一道弧线，他经过瞄准击中了球。换句话说，就是大脑在识别客观事物的过程中对信息进行了重建，目的是让自己理解起来更加容易。

由此可见，我们所意识到的“时间流动”可能只是人脑为了方便自己理解而对客观事实进行了重构，然而，目前只有部分人研究大脑是如何工作的，人类的意识来源也尚不明确。

如果时间的流动是人类基于自身理解对信息进行重建后得出的结论，那么“流动”本身未必是真实存在的。

03

相对论和量子力学对“时间”的不同表述

物理学领域对时间的概念也并不是一无所知。牛顿力学足以解释我们周围发生的各种现象，但它不适用于宇宙尺度等宏观世界或以接近光速的超高速运动的物质及原子和基本粒子等微观世界。这恰好就是“相对论”和“量子力学”这两大理论发挥作用的领域，同时它们还以此揭示了时间的某些特质。

在牛顿力学中，我们每个人显然都在经历同一个“现在”。基于相对论，每个人当下所处的位置又都存在些许差异。显而易见，一个人的现在并不总是另一个人的现在；每个人都一定拥有一个“现在”，并且会逐渐向未来过渡。

相对论认为，运动中的物体时间会变慢（狭义相对论），

一个物体的质量越大，重力就越会使空间和时间发生扭曲，其周围的时间就会变得越慢（广义相对论），也就是说，时间（空间）在不同的观察者看来是相对的。例如，人类已经注意到一颗名为“参宿四”的恒星，它是猎户座的一等星，可能会发生超新星爆炸（恒星结束生命时发生的巨大爆炸）。也有人认为，参宿四是一颗距离地球约650光年的恒星，我们在地球上看到的是它650年前的姿态，因此它可能已经爆炸了。但如果有人在高速运动，他们看到的可能是500年前的参宿四，也可能是300年前的参宿四，而不是它在650年前的样子。

“时间是相对的”，这一观点似乎让人难以接受，我们用“颜色”来类比看看结果如何。例如，当你看到某个“红色”的物品时，你会认为“这是红色的”，但其他人看到的可能是他们眼中的“红色”。在确定是红色的情况下，也不能保证每个人眼中都看到了同样的红色。

时间也是一样的，虽然你感觉到了时间，但不能确定别人和自己的感觉完全相同，相对论便更加精确地证明了“每个人对于时间的感觉不可能完全一致”。

另一方面，量子力学中的时间概念则更加奇妙。在微观世界中，人类的观察会推进时间。

假设你在观察电子的位置，电子在被观察前呈现出波的形态，但在你观察时看到的却是唯一的粒子形态。不能确定电子的位置不是因为没进行观察，而是在我们观察之前，电子的形态是多种可能性叠加在一起的，就像概率波一样，没有准确的答案。在人类观察的一瞬间，电子就处在了那唯一的位置上。

换句话说，观察者并不仅仅是置身事外，其实观察可能会改变和影响被观察对象，甚至会使被观察对象的过去和未来发生巨大的变化。

通常我们认为一切事物都是不断运动、变化、发展的，然而，量子力学认为，人类的参与将导致事物的状态发生巨大的变化，这种神奇的现象被称为“量子跃迁”。

量子跃迁一旦发生就不可逆。另一方面，牛顿力学和相对论均认为，在理论上，时间既能向未来推进，也能向过去回溯。

曾经，法国自然科学家、数学家、物理学家皮埃尔·西蒙·拉普拉斯说：“假设有一个生物知晓在某一瞬间所有原子的位置和动量，那么根据物理学定律，它可以通过计算所有的后续状态完整预测未来。”这一假设便是著名的“拉普拉斯妖”。反之，如果知道未来，也能了解过去，

这意味着时间具有可逆性。

不过，从概率一下子转入量子力学的现实中时，这种可逆性就不存在了，因为现实不可能再转回概率。

继牛顿力学后，相对论和量子力学相继出现，我们对时间的理解也空前清晰，明白了“每个人都不能与他人共享时间”“人类活动会导致时间跃迁”，等等，但这并不意味着我们参透了“时间是什么”。只是离开这些假设，我们就无法理解自然现象。就像我们之前提到过的，关于“时间流逝”的概念在当前的物理学理论中从未出现过。

相对论发现时间对每个人来说都是不同的，量子力学发现时间会因为人类的干预而“跃迁”。

物理学理论中并不存在时间的“流逝”。

04

真的存在“时间循环”吗

量子力学揭示了分子、原子和基本粒子等微观世界的基本规律，但无法解释重力。重力是用广义相对论来解释的。近 100 年来，世界各地的物理学家一直在研究能否用量子力学解释重力、能否将相对论与量子力学结合，但至今仍未得出答案。

其实在 20 多岁时，我就已经把量子重力作为自己的研究课题。当时初出茅庐的我满怀一腔热血，认为自己或许可以在这个领域有一番作为。我的研究生毕业论文就曾以量子重力为主题，但之后我又忍不住担心“自己是否能在有生之年解决这一课题”。当时，人类对于宇宙的观测与研究取得了长足的进步，在各种因素的促使下，我最终

将研究方向调整为宇宙论。

除此之外，相对论和量子力学有关时间感知的表述也有所不同。量子力学认为时间具有不可逆的一面，但相对论却恰恰相反，它通过数学计算的方式发现了一个可以让人回到过去的循环，能让我们回溯到某个时间点。这并不意味着我们可以回到过去，但只要有相对论存在，我们就不能对其简单予以否认。

正如我在之前出版的书中所介绍的那样，一些物理学家正在研制时光机。

如果有人回到过去，就势必会产生一些现实矛盾。一些保守派认为“这样会发生悖论，是不可能做到的”，但也存在一些开放的观点，认为“世界将自动调整，不会存在矛盾”“人将回到平行世界中去”，等等。

就目前的情况来看，让人类回到过去仍然是不现实的，但如果通过研究，让微小的基本粒子回到过去，通过各种试验看看到底会发生什么，或许“时间是什么”这一人类永恒的奥秘也将得到破解。

在相对论中，有能够计算出时间循环的数值解。

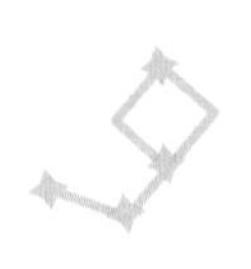

05

如何测量宇宙中天体的年龄

在本节中，我想聊一聊自己的研究领域中有关时间的话题。在我的专业宇宙论中，整个宇宙是什么样的结构、宇宙是如何起源的、宇宙在变成今天的样子之前曾经历过什么、宇宙将来会成为什么样子等问题，都是非常重要的研究话题。宇宙论中，“年龄”是非常重要的一个元素。例如，知道掉落地面的陨石“多少岁”，将为我们了解宇宙打开一扇不可思议的窗户。

“放射性碳定年法”是一种众所周知的年代测量方法，它通过碳的放射性同位素“碳 14”来进行测定，同位素指质子数相同而中子数不同的同一元素的不同原子。

自然界中大多数碳原子是碳 12，由 6 个质子和 6 个中子构成。虽然在自然界中占比很小，但也有一定比例的“碳14”是由6个质子和8个中子组成的。碳14处于不稳定状态，因此，它会试图通过放射线释放出额外的能量并转变为稳定的碳12。这个过程叫作“放射性衰变”，其速度是恒定的。

以碳14为例，已知需要5 730年才能将一半碳14转化为稳定的碳12（半衰期为5 730年）。人类已知自然界中碳14的比例，因此，可以利用碳14鉴定物体的年龄。放射性碳定年法常被用于考古学等。

宇宙的年龄是138亿年。这意味着5 730年的半衰期对我们人类的寿命来说已经足够长了，但对于整个宇宙空间来说却如白驹过隙。

研究太空陨石的方法之一“铷锶法同位素定年”应运而生，这是根据“铷87”经衰变形成稳定的“锶87”的规律而建立的一种地质测年方法。

铷87到锶87的半衰期为488亿年，就算与宇宙年龄相比也足够长了。通过检查地球上发现的太空陨石并测量其有多少铷87衰变为锶87，就可以判断陨石是在多少亿年前形成的。

此外，还有“铀－钍－铅法定年”，通常被用于测量宇宙中天体的年龄。

理论上，人类已知宇宙中的天体在形成时含有多少铀和钍，因此，如果可以观测到遥远天体中铀和钍的比例，我们便可以发现两者的比例是如何变化的，并由此大致判断该天体的年龄。

你可能会质疑："我们怎么可能知道数光年外的一颗天体包含哪些元素及它们各自的比例呢？"人类当然不可能直接调查天体本身，因此，我们判断的依据是遥远宇宙中天体所发出的光。

我想你应该在理科课程中了解过焰色反应，当我们将特定元素放入火焰时，会使其呈现出特殊颜色，"看，那里坐着一个人，戴着紫红色的礼（锂）帽，腰扎黄绿色的背（钡）带，坐在含钙的红砖上，正用他那刻有紫色金鱼（铷）的绿色铜剪刀修理他那蜡（钠）黄蜡黄的浅指（紫）甲（钾），还不时鼓起他那洋红色的腮（锶）帮子"，这句有关焰色反应的口诀可以让我们轻松地记住紫红色代表锂、黄色代表钠、紫色代表钾等。

同理，每个元素都有固定的光谱。光的颜色是由波长决定的，通过仔细观察，我们可以知道每颗天体各自发出了多少光、吸收了多少特定波长的光，以及元素的种类和数量，从而判定它们的年龄。

现在，观测技术仍在不断进步。在宇宙研究工作者中也不乏一些年代测定的专家，在专业技术的支持下，他们可以推算出遥远的天体是何时诞生的。

在考古学中，碳 14 的含量减少程度可以被用于测年；地质学中，半衰期长的铷、铀和钍的比例变化等信息则被用来推算宇宙天体的年龄。

06

宇宙起源于何时

在前面的章节中，我已经提到过宇宙的年龄是138亿年，宇宙的起源就是时间和空间的起源。时间和空间是一体的，所以两者同时诞生。

宇宙诞生后，时间与空间是如何膨胀的呢？

有关宇宙的起源，暂时还无定论。然而，现代物理学经过推测，概述了宇宙诞生后0.000 000 000 01秒左右发生的事情。

粗略地说，在宇宙形成的早期，基本粒子相互分离，存在于整个宇宙中。目前尚不能确定宇宙是无限的还是有限的，所以，即使在宇宙形成的最早期，整个宇宙的大小也是未知的。

基本粒子是不能进一步分解的最小物质单位，原子可分解为“原子核”和“电子”，原子核可分解为“质子”和“中子”，质子和中子均由 “夸克”这种更小的粒子组成。夸克和电子不能进一步分解，所以，二者均为基本粒子。

宇宙诞生后约 0.000 01 秒，每 3 个夸克聚集在一起，形成了“质子”或“中子”。大约 4 分钟后，质子和中子聚集在一起形成原子核，继而又形成了氢、氦及少量的锂、铍等原子。这些简单的元素存在于早期的宇宙中，比它们更重的元素是在后来的天体演化的过程中诞生的。

不过，从宇宙大爆炸到第一颗天体形成，中间经历了大概 1 亿年。

生命出现在地球上，自然是更久之后的事情了。众所周知，从现在追溯到 35 亿年前，地球上第一次诞生了类似细菌的生命。大约在 500 万年前，由类人猿不断进化而来的猿人在非洲诞生，这才宣告了人类在地球上的出现。

如果是这样，那么在宇宙起源后的一段时间里，生命并不存在，有的只是时间的流逝。若是像一些专家说的那样，时间的流逝来源于人类认识客观事物时大脑中的思想活动，那我们又应该如何看待从宇宙诞生到生命和人类出现之前的这段时间呢？是否可以理解为时间从未流

逝呢？

宇宙诞生几秒钟或是几亿年后发生了什么，我们确实一直在以这样的方式记叙着发生过的事，就好像时间一直在流逝一样，可事实真是如此吗？说到这里，我们仿佛又回到了“关于‘时间流逝’的美好理论”，显然，这个问题并没有答案。

莫非在有关时间的问题上，物理学者也无法给出准确的定义和解释？

宇宙的起源就是时间和空间的起源，在宇宙出现的早期曾有一段不为人知的时间。

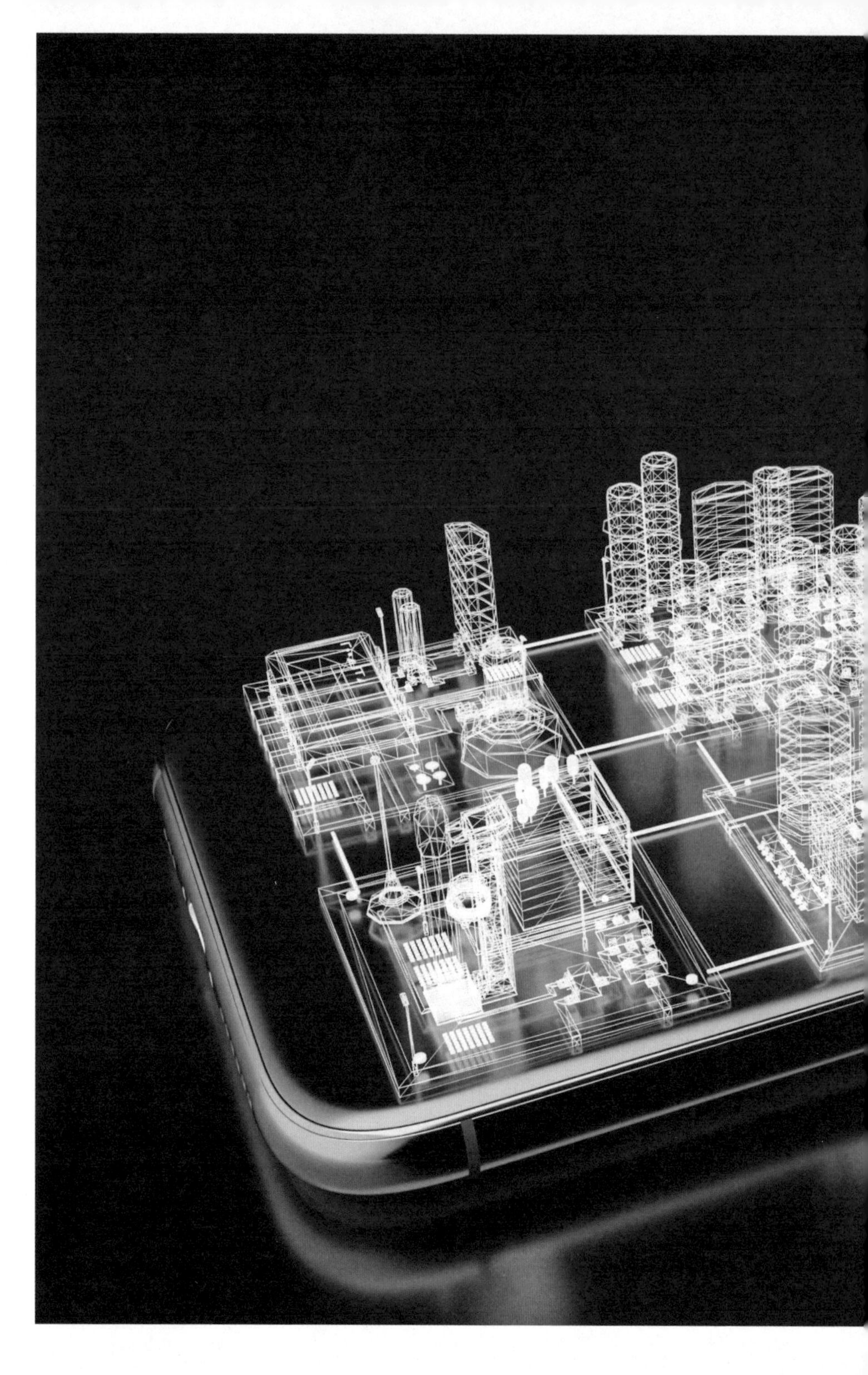

第2章 物理学在智能手机中的运用

07

为什么通过手机就能对话

前几天，我在用手机打电话时，电话那一头说他“听不到声音”，这一度让我十分着急。但后来我发现手机有 3 个麦克风，通话期间，我无意中将手机底部用于采集声音的麦克风堵住了，所以对方会听不到我的声音。

从那时起，我在使用手机（智能手机）通话时一直都会关注麦克风的位置，但为什么手机能传递声音并且让我们实时通话呢？

首先，声音通过物体振动产生，或者说它本身就是一种振动。在日常生活中，人类的声音是通过空气振动传送到了其他人的耳中，因此我们才可以与身边的人正常交谈。

相反，我们之所以听不到远处的声音，是因为空气的振动没有达到所需的幅度。

没有空气的宇宙空间可以阻断声音的传播，用寂静无声来形容都一点儿不为过；但宇宙中还是稀稀落落地存在一些基本粒子，振动可以通过这些物质传递，因此，也不能说宇宙中丝毫没有声音。不过，如果那种声音的振动是人耳无法识别的，那就等同于没有声音。

我们经常可以在动漫和电影中看到太空飞船爆炸时会"嘣"的一声发出巨响，但事实上这种现象是不可能发生的。宇宙空间没有空气来传递振动，所以，即使"振动的物体 = '声源'"，也不会形成人类可以捕捉到的声音。如果想要正确地在影视作品中表现飞船在宇宙空间的爆炸场景，就应该呈现出太空飞船在静寂的宇宙中无声爆炸的画面。

太阳表面经常发生爆炸，有人在网络视频平台上传过对太阳表面活动进行观测的视频，有兴趣的读者可以看一看。不难发现，太阳表面发生的爆炸就像是我们平时经常看到的沸腾的开水。

假如声音可以在宇宙空间中传播，太阳发出的声音就会传到地球上，那将相当于 100 分贝的噪声，我们的生活环境也会因此变得异常嘈杂，届时，我们听到的声音就像是电车经过陆桥下方或进入地铁站时一样。如果声音持续作响，我们根本无法像现在这样正常生活。

现在让我们回到主题，一起来思考一下，由空气振动形成的声音是如何通过手机传播的？答案是手机中装有传感器，能感知到空气的振动。

当我们对着手机的内置麦克风讲话时，一种被称为“压电素子”的物质会将空气的振动直接转换为电信号。信号被转换为电波并发射至附近的“基站”，在基站，电波再次被转换为光与电信号并发射至“交换局”，交换局将连接到距离对方手机最近的基站，每座基站和交换局通过光纤等有线电缆连接，而非电波。

当光和电信号到达距离对方最近的基站后将再次转换为电波发射至对方的手机，手机接收到的电波被转换为电振动，再由扬声器转换为声音振动，最终，声音便传到了对方的耳中。

当我们用手机通话时，上述流程将在瞬间完成。

大家可能觉得，我们通过手机实现了实时交流，但这并不意味着通话时没有时间延迟。事实上，声音在转换为电波之前就略有延迟，在电波到达之前同样存在传播时延。

电波本身也是光，所以它的传播速度能达到光速——每秒 30 万千米，可以在 1 秒钟内绕地球 7 圈半。假设你在国内打电话给身居海外的朋友，正如国内基站之间通过有线电缆连接一样，海外基站也会通过海底电缆等与国内基站连接。地球的半周长约 2 万千米，即使你给地球另一端的朋友打电话，电波也能够以光速传播，并在 15 分之 1 秒内抵达（虽然在现实中不能按照直线距离计算）。因此，我们在跟海外的人通话时几乎感觉不到时间延迟。

通过卫星中继通信显然也会带来时间上的延迟。通信卫星轨道距离地面约 3.5 万千米，因此我们的声音必须经过“长途跋涉”抵达卫星并返回，所以即便以光速传送，也会出现时间延迟。

人说话导致的空气振动将被转换为电信号，并进一步转换为电波进行传输。

电波的传播速度为 30 万千米 / 秒，与光速相同，因此在地球上给朋友打电话时，声音可以瞬间到达。

08

电波是如何发射和接收的

我曾在上一节中写道，手机通话是通过手机向基站发射电波来交换信息的。在此过程中，电波是如何发射和接收的呢?

我们的手机与基站都有天线，可以说天线就是导线。当电波到达天线时，电子振动并形成流动电流，现实世界中所有天线的工作原理都是如此。

有些电波具有不同的波长，波长就是波在一个振动周期内传播的距离（相邻的两个波峰或两个波谷之间的距离）。波长约 0.1 毫米以上的电磁波被称为电波，不过有的电波波长以毫米为单位，有的以千米为单位，涵盖范围相当广泛。

任何波长的电波都是以每秒 30 万千米的光速传播，因此，长波振动缓慢，而短波则会高频振动。例如，波长为 1 千米的电波每秒仅振动 30 万次，而波长为 10 厘米的电波每秒会振动 30 亿次。我们熟悉的电波及其频率如表 2-1 所示。

表 2-1　我们熟悉的电波及其频率

频率	波段名称	波长	用途
30 ~ 300 GHz	毫米波	1 ~ 10 mm	射电天文、雷达
3 ~ 30 GHz	厘米波	1 ~ 10 cm	卫星广播、雷达、ETC、无线 LAN
0.3 ~ 3 GHz	微波（分米波）	10 ~ 100 cm	移动电话、出租车无线、蓝牙、电视机、GPS、微波、无线 LAN
30 ~ 300 MHz	超短波（米波）	1 ~ 10 m	航空管理通信、电视机、FM 广播
3 ~ 30 MHz	短波	10 ~ 100 m	船舶通信、飞机通信、短波收音机
0.3 ~ 3 MHz	中波	0.1 ~ 1 km	船舶通信、AM 收音机
30 ~ 300 kHz	长波	1 ~ 10 km	标准电波（无线电时钟）、电波航行
3 ~ 30 kHz	甚长波	10 ~ 100 km	潜艇通信

可处理的信息量：多 → 少
在特定领域使用 → 应用领域广泛
直进性①：强 → 弱

①光和电波在均匀的介质中会沿直线传播。直线性是指保持直线能力的强弱。

当波长的长度和天线的长度之间呈整数倍关系时，天线将更容易接收相应波长的电波。一般来说，理想天线的长度通常都是要接收波长的半波长或四分之一波长。

天线并非越长越好，天线长度越短，越容易接收短波，越长则越容易接收长波。

手机的电波波长通常只有几十厘米，相对较短，因此即使手机只有手掌大小，里面的天线也可以接收到电波。

收音机方面，AM 广播的电波波长有几百米，而 FM 广播则为几米，这比手机电波要长得多，所以收音机天线不能太短。在某些情况下，人们在收听广播时，有时还可以用耳机代替天线。

不过，便携式收音机上的棒状天线和替代天线的耳机只适用于 FM 广播。AM 广播的波长较长，所以 FM 广播所使用的天线无法在收听 AM 广播时很好地捕获电波。相反，收听 AM 广播时通常会在收音设备里安装一个缠着导线的条形天线，或者外接一个用金属导线制成的矩形环状天线。

到目前为止，我主要围绕着电波的接收做出了阐释。发射电波的方法与接收电波的过程恰好相反，当导线中的电子发生振动时，电波将自动从中发射。

下面，我们再来回顾一下什么是电波。

电波的本质是交替产生的电场与磁场在空间中衍生发射的振荡粒子波，更简单地说，“移动电子的力量之源”振动起来就产生了电波。假设电子在空间漂浮，如果电波通过该空间，电子就会振动，决定振动周期的是波的长度。

只要天线感应到电子的振动，就可以接收电波，反之，如果它振动了电子，就可以发射电波；所以只要有天线，就可以实现电波的发射和接收。

接收天线感应到电子振动后接收电波，发射天线产生电子振动后发射电波。

09

为什么“5G”号称大容量

提起智能手机，近年来各运营商相继宣布开通了一项名为“5G”的新服务。5G 中的“G”表示 generation（代），即第五代移动通信技术。

5G 比其他现有通信网络的传输速度更快，可以发送和接收大量数据，但与以往不同的是，它所使用的电波类型发生了变化，波长比以前更短。

短波意味着高频率的振动，通过智能手机发送语音、电子邮件、图像等时，所有信息都将转换为用“0”和“1”表示的数字数据。信息会对应 0 和 1 改变形态后被加载到电波上，频率较高的电波可以包含更多的信息。电波波长比以前更短（更高频率）的 5G 可以更快地发送和接收大

量信息。

一开始没有使用波长较短的电波，是因为如果波长较短，遇到障碍物时无法绕行，这样会很难进行远距离传输。

短波长的电波类似于光，光也是一种电磁波，但它的波长极短，只有几百纳米（1 纳米等于 10^{-6} 毫米）。光只能沿直线传播，遇到障碍物时无法绕过，会在物体后方形成影子。

电波的波长越短，就越容易形成“影子”。因此，要想用好 5G 电波，就需要设计一种电波的散射方式（5G 使用了一种名为“大规模 MIMO”的技术，可以向特定方向散射强电波），此外还需要规模庞大的基站作为支撑。

5G 是高频电波，可以携带大量的信息。

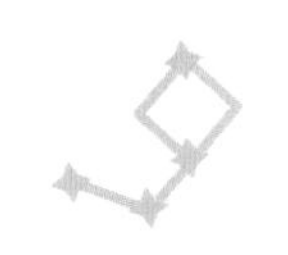

10

光通信的传输速度为何如此之快

现在人们可以快速发送电子邮件或通过互联网搜索信息，几乎不需要等待，但在互联网普及之前的个人电脑时代，信息传输的速度还很慢。现在的年轻人可能并不了解，那时在连接到网络时，还会发出像传真机那样“噼，嘎嘎嘎嘎”的电子音，这意味着什么？简单来说，这就是在通过快速切换高低音来传送用“0”和“1”来记录的数字数据。

光的波长很短，与声音相比，可以携带和处理大量信息，因此“光通信”问世后，数据传输的速度一下子得到了提升。然而光的缺点在于直进性比电波更强，在均匀介质中只能沿直线传播，不会散射，而且光的波长较短，不

能像电波一样远距离传输数据。

人们认为可以搭建光纤，为光的传输开辟一条道路。

光纤由一根根细如发丝的透明玻璃或塑料纤维构成。我父亲一直对发明创造很是热衷，光纤问世后我记得他曾带着一小段光纤回家问："咱们能不能用这东西做点儿什么出来呀？"只是当时我还年幼，什么都想不出来，只能答上一句"不知道"，这件事也就告一段落了。后来光纤被用作网络线路，成了人们生活中不可或缺的物品。现在想来，如果当时有什么好主意，可能现在我已经是亿万富翁了。

我们还是回到正题。在光通信技术诞生前，传统的电话线曾被用于"宽带线路"。虽然使用时可以同时捆绑很多根电话线，但因为电话线原本就是为了通话设计的，它的功能只是传递语音，所以其可以传输的信息量非常有限。

光纤就完全不一样了，即使只有一根光纤，也可以发送每秒1亿兆位（Mb）的海量数据，如果有很多根捆绑在一起，自然就更快了。普通家庭使用的网络线路大约是每秒1千兆位，1亿兆位是它的10万倍。

光纤通信是利用光的全反射现象传输信息的，所以，只能直线传播的光能够在光纤中弯曲传输，并成功抵达目的地。

光在空气中沿直线传播，在水中或玻璃中的传播速度较慢，因此，当光从空气斜射入玻璃或水中时，会在交界处发生折射现象。

折射率指“光在真空中的传播速度”与“光在该介质中的传播速度”之比，折射率越大（光的传播速度慢），介质对光的偏折作用越大。例如，通过对比可以发现，光在玻璃中传播的速度比在水中更慢。水的折射率为 1.3，而玻璃的折射率约为 1.5，因此，光从空气中进入玻璃时比进入水中时更容易弯曲。此外，如果水和玻璃相互接触，光从水射向玻璃时也会弯曲。

全反射是当光从高折射率介质传播到低折射率介质时发生的一种现象，例如，当光从水中传播到空气中时，也会在水面上稍微弯曲并射入空气中，但此时并不是所有的光都能射入空气，有一些光会被反射回水中。

在玻璃中亦是如此，不管是用透明玻璃丝还是塑料线制作光纤，大部分光都会直接从中穿过，无法传递信息。

这时就需要利用光的全反射现象来传输信息。

光线照射时，如果光线与水面（玻璃表面）之间形成

的入射角大于临界角，那么光线将不会被折射到空气中，而是被完全反射，这就是全反射现象（如图 2-1 所示）。“可以让照射光 100% 反射”的临界角具体是多少度，取决于每种介质本身。

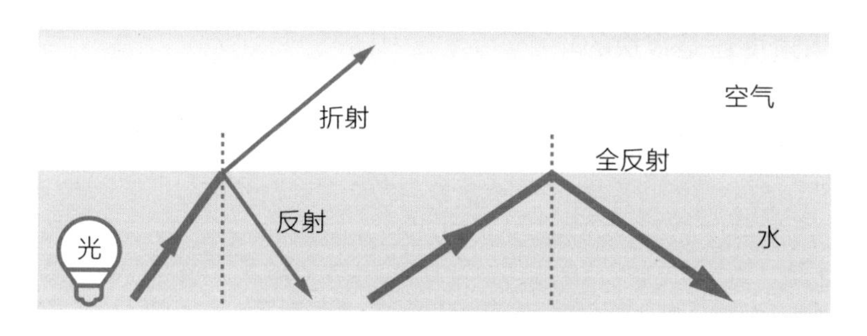

图 2-1 光的折射与反射

光纤由两种不同折射率的玻璃材料拉制而成，光通过的“纤芯”被“包层”覆盖，纤芯材料的折射率略高于包层材料。只有光线入射角大于临界角时，光线才不会穿过包层，继而发生全反射。

换句话说，在光纤内的传输过程中，光不仅仅是直线传播，而是通过反复的全反射完成整个传播过程（如图 2-2 所示）。

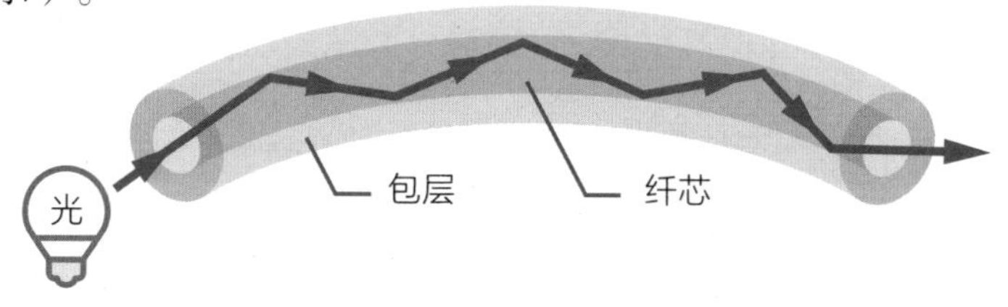

图 2-2 光纤的工作原理

虽然全反射可以保证光线在远距离传输过程中不向外泄漏，但通过折射率较高的介质意味着光线传播的速度将略低于每秒 30 万千米的光速。即便如此，光信号每秒可以传输的信息量仍要比电信号多得多；所以，光通信的传输速度还是很快的。

光进入不同介质会发生折射，当从光密介质进入光疏介质时，会发生全反射。

在光纤中，光一边不停发生全反射，一边向前传输。

11

手机“指纹”识别的原理是什么

近年来，指纹识别解锁在日常生活中得到了广泛应用，比如智能手机。通过指纹识别传感器录入指纹后，只需用手指触摸传感器即可解锁手机，无须输入密码，操作十分简单。

指纹识别有多种方法，其中最典型的是使用电力的“静电容量方式”。

人体通常略微带电，但我们自己一般察觉不到。因此，当我们用手指触摸指纹识别传感器时，电流会流向触点。

我们手指表面的皮肤凹凸不平，当手指靠近指纹识别传感器时，由于皮肤是导电的，距离指纹识别传感器较远的纹路也可以被检测到。此外，指纹识别传感器中排列着大量微小的电极，可凭借相当精细的分辨率检测到“电流的流向”，计算、读取出我们指纹的形态，并与预先录入的指纹数据进行核对。

触控屏也有多种识别指纹的方法，其中有一种方法与智能手机指纹识别功能完全一致，即由触控屏中的传感器感应人体电流。

当然，指纹识别传感器并不是智能手机中安装的唯一的传感器。例如加速度传感器也是其中之一。

手机开启屏幕旋转后，当我们将其从纵向转到横向时，屏幕的方向也会由竖屏变为横屏。这正是因为加速度传感器检测到了智能手机的“运动”，所以屏幕才会自动旋转。

加速度是表示单位时间速度变化的量。任何物体都有重力，当我们移动物体时，移动方向及其相反方向均有力发挥作用，这时，加速度传感器便会检测出在不同方向受到了多大的力。

如图 2–3 所示，我们想象一个重物在纵、横、深三个方向都有弹簧。当它静止时，物体本身会因重力而下落。将盒子向右倾斜，重物将移动到右下方；而当盒子恢复原状态时，重物也会回到原处。

通过精确检测重物的移动，就可以知道盒子是否移动、向哪个方向移动了多少、哪个方向是“下”。如果我们将智能手机从垂直转为水平，加速度传感器就会检测到侧面居“下”，这时，智能手机的画面就会自动旋转为横屏。

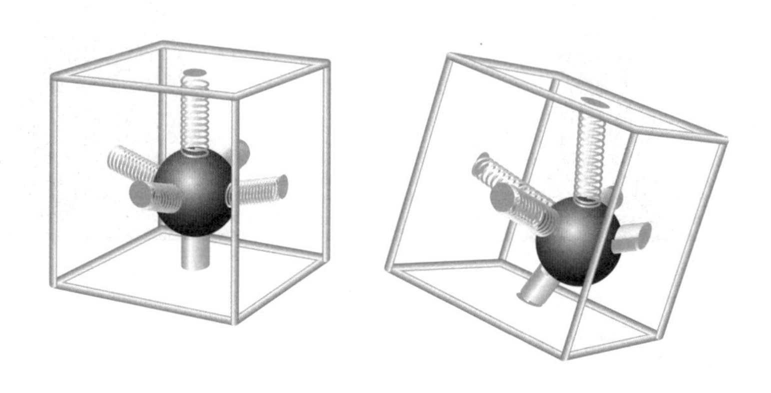

图 2-3 加速度传感器的工作原理

加速度传感器通常还被用于智能手机计步器功能和一些游戏应用程序，在汽车的导航系统中，它也能发挥作用。此外，GPS（全球定位系统）也常会被应用于汽车导航系统中，它的工作原理是利用卫星电波确定物体的位置。

GPS 非常方便，但它也有一个缺点——如果身处隧道等电波无法到达的场所，GPS 将无法工作。此时如果配

上加速度传感器，转弯时离心力就会起作用，可以计算出车辆正以什么速度朝哪个方向前进，GPS 就可以结合加速度传感器的信息对自己的缺陷进行补正。

“陀螺仪”也是一种传感器，就像加速度传感器一样，可以检测出智能手机的方向和旋转动作。

陀螺一旦开始旋转，转动方向将一直保持固定。陀螺仪正是利用了陀螺的这一特性——如果智能手机内部的陀螺仪一直在自由旋转，即使我们改变智能手机的方向，陀螺仪具备的角动量也会抗拒方向的改变，持续朝同一方向转动，由此便可以判断智能手机当前朝向的方向。

过去，陀螺仪曾被乘船出行的人们用来判断方向。现在有了GPS，陀螺仪在航海领域的运用越来越少，但在GPS出现以前，人们基本都是靠陀螺仪来避免在海上迷失方向。

此外，智能手机中还有“光传感器”和“接近传感器”等。

黑暗的环境会显得手机屏幕特别亮，会使我们的眼睛感到疲劳，因此，光传感器会根据周围环境的亮度自动调整屏幕的亮度，比如说它可以让屏幕在黑暗环境中变暗一些。

光传感器通常会被应用在对光有反应的物质上，例如有些物质暴露在光线下可以出现电流，或是会改变电流通过的程度等。通过测量在物质中流动的电流强度，即可判断光量。

接近传感器，顾名思义，它是一种感知物体接近的传感器。当我们在通话期间将手机靠近耳朵时，屏幕会自动黑屏，此时便是接近传感器在发挥作用。

接近传感器可通过多种方法实现自身功能，其中一种方法是向外发射红外线并检测它到达人耳后反弹的强度，以此来测量手机接近的程度。

智能手机有各种便利的功能，每一个都是通过内置传感器来实现的。

人体通常略微带电，指纹识别传感器检测到手指的“电流”，计算、读取指纹的形状，再与预先录入的指纹数据进行核对，指纹才可以得到验证。

12

如何快速确定地震震中

在日本，当附近地区发生地震时，无论是智能手机还是普通手机，都会接收到地震预警，并立即发出“哔哔哔”的警报声。无论听过多少次，每当这个声音再次响起，都会让我感到心惊肉跳。不过话说回来，它的作用就是对紧急情况做出预警，我们感到惊恐也是很自然的。

地震有两种类型，即“P 波”和“S 波”。P 波是“主要（primary）波”，总是最先到达观测点，震动方向与行进方向相同。S 波是“次要（secondary）波”，在 P 波之后到达观测点并上下震动地面。在发生地震时，先有横向震动，后有纵向震动，震动幅度更大且会造成严重破坏的通常都是在 P 波之后抵达的 S 波。

所有的地震都是以 P 波开始的，地震发生后，早期预警系统将抢在携带更多能量的 S 波到达之前对地震的发生进行预警，并预测震级与震中等。

日本各地都安装有地震仪，海底也有很多地震仪，以准确捕获地震震动并尽快向民众发出地震预警。日本气象厅的资料显示，在全国范围内，日本气象厅共设立了 4 370 个（截至 2018 年 10 月）观测点用于地震信息的监测。

发生地震时，每个观测点的地震仪首先会检测到最先到达的 P 波。

地震仪感知震动的机制来源于悬挂重物的惯性。如果手持钟摆上端慢慢移动，下面的摆锤也会跟着移动，但如果我们快速向左或向右摆动，基于摆锤的重量，惯性定律便会发挥作用，摆锤部分将停留在原地。

地震仪便利用了这个特性。放置在地面上的地震仪在地震发生时会随着地面震动一起摆动。若以一个不会发生移动的点作为参照，便可以记录地震仪的摆动情况。人们将线圈缠绕到由弹簧悬挂的重物上，并用磁铁环绕。当地面因地震而快速震动时，重物（线圈）仍保持着静止状态，但固定在地面上的磁铁会发生移动，从而产生诱导电流，

将地面的震动直接转换为电信号（如图 2-4）。

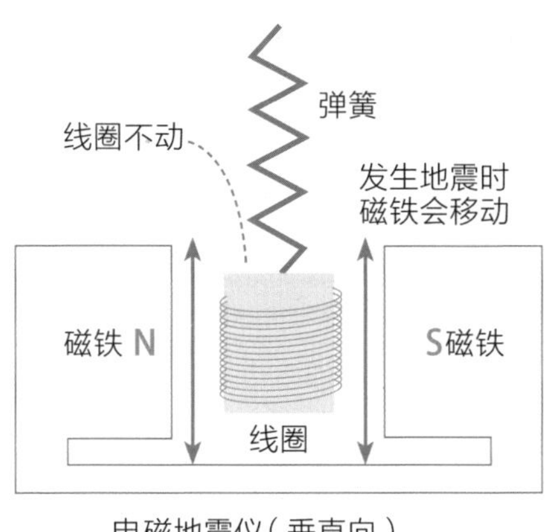

图 2-4 地震仪原理

地震仪的观测数据被陆续传送至日本气象厅，在这里，工作人员会根据来自多个观测点的数据估算出震中、震级等，并瞬间计算出地震将在某时到达某地。在 S 波到来之前（甚至某些地方是在 P 波到达前），地震预警信息就会被传达至民众。

最先到达的 P 波通常以大约每秒 7 千米的速度行进，而 S 波则以大约每秒 4 千米的速度随后而来。另一方面，传递信息的电波和光的速度为每秒 30 万千米，因此地震预警系统才可以抢在地震波到达之前，向社会发布地震强度和地震波到达时间等预警信息。

惯性被用于检测地震震动；光和电波的传播速度比地震波更快，因此地震预警信息可以先于地震抵达。

13

电波真的对人体有害吗

智能手机（或普通手机）已成为人们生活中不可或缺的一部分，但我们还是经常能够听到有关智能手机和普通手机发出的电波对人体健康有害的传言。

电波对人体真的有负面影响吗？这一问题在相当程度上属于医学范畴，而不是物理学，因此我无法作出回应。

在日本，手机面市至今也不过30多年。1985年，日本首部手机“肩上电话”（shoulder phone）面市。长期使用手机会对人体产生什么样的影响？从小就接触电波是否真的会对大脑产生不良影响？这些问题还有待考证。

从物理学的角度来看，在我们的大脑中，信息也是通过电信号传递的，电波本身也没有任何可能对人体产生不

利影响的因素。不过，电波确实具有振动电子的能力，因此，如果人体接收到强烈的电波，大脑中的电子应该也会受到振动。考虑到这一点，说手机对大脑完全没有影响似乎也不正确。

这时，我们需要探讨的就是程度的问题了，在怎样的周期内接收何种强度的电波会对人体造成危害？相反，什么样的情况不会给人体带来影响？有关电波对人体健康造成的长期影响，或许只有通过临床医学研究才能明确。

即使事实证明电波对人体有些许伤害，我们似乎也不太可能再回到没有智能手机的日子，这便需要人类去思考如何才能与电波和谐相处了。

为了保护大脑免受电波的危害，我们可以尝试使用一些能够传递声音但不允许电波通过的物品来进行防御。如果用铝箔保护头部，理论上可以阻挡电波对人体造成的影响。如果有一天确定智能手机对人体会产生危害，那么我相信铝箔帽子可能会成为人们争相购买的潮流配饰。

电波对人体有没有伤害，在物理学上是未知的。

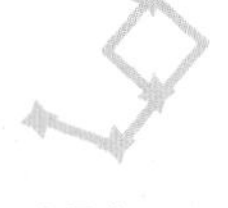

第3章 有魔力的水

14

感谢“浮在水面上的冰”

把水倒在杯子里并放入冰块，冰就会保持在水面漂浮的状态。这似乎是一种自然现象，但我们可以尝试着对其进一步展开思考。当液体变为固体时，通常会变得更“重”，由水冻结而成的冰为什么却是漂浮在水面上呢?

通常，当液体变为固体时，密度会变得更大。当液态水变成固体时，其体积会发生膨胀，导致密度反而降低，因此可以漂浮在液态水中，水的这种神秘属性在自然界中可谓独一无二。如果水不具有这一特性，地球上的生命就不会存活下来，甚至可能从一开始就不会诞生。

如图 3–1 所示，当温度为 4 摄氏度（标准大气压下）时，水的密度最大，这也是水最“重”的时候。随着温度下降

至 0 摄氏度（标准大气压下），水的密度逐渐变小，水逐渐变“轻”。换句话说，当它凝结为固态冰时，就是发生了膨胀。其他物质一般在温度升高时体积会膨胀，但水不同，当它的温度处在 0 摄氏度到 4 摄氏度之间时，随着温度的升高，水的体积反而会缩小，密度增大。而温度降低时，密度又逐渐变小。我要再一次重申，这是水所独有的一种神秘特性。

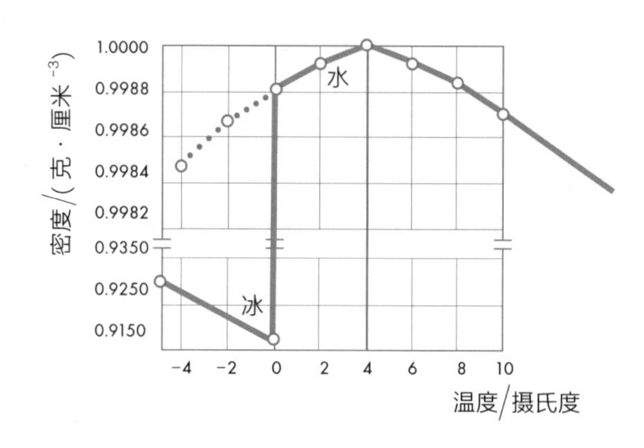

图 3-1 水温和密度的变化示意图（虚线表示过冷状态）

正因为水在 4 摄氏度的时候密度最大，即使冬天湖面结冰，这些 4 摄氏度的水也将流至湖底，所以水底不会冻结，鱼类也因此而得以存活。如果 0 摄氏度的冰密度大，湖水就会从底部开始结冰。冬天室外气温低，如果水从表层到底部全部结冰，即使到了夏天，底部仍然会持续冻结且无法解冻，部分鱼也将失去藏身之所。

考虑到地球上的生命是从水中诞生的，不仅是鱼，在上述情况下，任何生命应该都无法存活。

冰漂浮于水面是影响生命存续的重要事实。水是我们最熟悉的物质之一，我们身体的大部分物质都是水（成年人为 50% ~ 70%）；生活中，我们只要拧开水龙头，就会有水流出；下雨天，雨水从天而降；去海边，也会有一望无际的水呈现在我们面前。

人类对水是如此地熟悉，这让我们对它的存在早就习以为常了，其实水的特别之处不只有“冰漂浮于水面”这一点。一些物理学家正在研究水，根据他们的描述，水这种物质越研究越神秘。

水的这种神秘性质对人类生存给予了极大的帮助，在这一章中，就让我们一起探索水的奇妙之处吧！

水在 4 摄氏度时密度最大，冻成冰以后体积会膨胀，密度变小，就漂浮在水面上。

15

如果水易冷易热，地球将宛如沙漠一般

与近海岸地区相比，内陆温差较大，夏天很热，冬天往往又很冷。常见的物质中，水的比热容最大，因此水具有蓄热的特性。基于这种特性，海边的温差并不会那么大。

比热容是指让 1 克物质的温度升高 1 摄氏度所需的热量，让 1 克水升高 1 摄氏度需要 1 卡路里（1 卡路里等于 4.2 焦尔）的热量。

水的比热容较大，而地球上的海水是一个巨大的水体，所以夏天海水的温度不如陆地的水温高；同时因为海水的温度也不容易下降，所以即使冬天大气温度下降，海水仍然是温暖的。在冬季，海水会不断向外散发热量，这样一来，

海边的天气也会保持温暖。

海洋面积约占地球表面积的70%，如果水的比热容小，即假设水具有易冷易热的特性，那么水会在太阳光的照射下迅速升温，而随着太阳落山，水温也将急剧下降，这种状态将导致整个地球都宛如沙漠一般。

一旦被加热，沙漠温度便会升高，而晚上又会变冷，昼夜温差大。如果覆盖地球表面大部分区域的水具有这样的特性，则地球的昼夜温差会非常大，生命将难以存活。例如，月球上没有大气和水，所以，白天经过太阳的照射，月球上的温度将上升至110摄氏度。同时月球又无法在晚上保持自身热量，所以夜间温度又会下降至零下170摄氏度，昼夜温差超过200摄氏度。

我们的身体50%~70%（婴幼儿体内水含量超过80%）都是水，正因为水不容易升温或降温，所以人体体温才能保持恒定。

水难热难冷，正因为水温不易改变，海洋面积占比极大的地球才可以满足生命存活所需要的条件。

16

“低温结冰，高温蒸发”的奇特现象

水在0摄氏度时会结冰，在100摄氏度时将会变成水蒸气。

这是我们在小学科学课程中学到的有关自然现象的知识，这可不是一个平平无奇的现象。与氧同族元素的含氢化合物相比，水的熔点（固体变成液体的温度）和沸点（液体沸腾时的温度）异常之高。

一个水分子由两个氢原子和一个氧原子构成，只要比较氧同族元素的含氢化合物的熔点和沸点，水的神奇之处就能一目了然。

· 水（H_2O） 熔点：0摄氏度 沸点：100摄氏度

· 硫化氢（H_2S） 熔点：零下 85.5 摄氏度　沸点：零下 60.7 摄氏度

· 硒化氢（H_2Se） 熔点：零下 65.7 摄氏度　沸点：零下 41.3 摄氏度

· 碲化氢（H_2Te） 熔点：零下 51 摄氏度　沸点：零下 4 摄氏度

由此可以看出，只有水具有较高的熔点和沸点，其他含氢化合物的沸点均低至 0 摄氏度以下，在常温下将变成气体。水的特征却是在常温下为液体，而且从 0 摄氏度到 100 摄氏度都可以作为液体存在，温度跨度非常大。

水蒸发时，外界温度将会降低

与其他物质相比，水的“潜热”[1]更大，潜热不是用来诠释温度的变化，而是用来表示物质从固态变为液态（或液态变为固态）或从液态变为气态（或气态变为液态）而吸收（或释放）的热量。例如，如果我们将水放入锅

①潜热，相变潜热的简称，指物质在等温等压情况下，从一个相变化到另一个相吸收或放出的热量。

中加热，过一段时间，它便会开始沸腾，此时水的温度为100摄氏度。

将1克水从0摄氏度加热至100摄氏度所需的热量（能量）为100卡路里，但将1克100摄氏度的热水转化为100摄氏度的水蒸气所需的热量为540卡路里，后者的这一数值是前者的5.4倍。由此可见，想让开水变成水蒸气所需要加热的时间要比把同等质量的水加热成开水所需要的时间长得多。

这意味着水蒸气内储存着大量能量，当它变回液体时，储存的能量就会释放出来，而潜热就是指物质从一个状态变化至另一个状态的过程中吸收或放出的热量。

你有没有做饭时手不小心碰到盛沸水的锅而被烫伤的经历？成年人一般都了解锅具在烹饪期间会有多烫，出于自我保护的本能，绝对不会用手去接触，但孩子却会对水蒸气充满好奇并试图用手触摸。当水蒸气接触到皮肤时，会因为冷却而变为热水，此时储存的能量就会释放出来，从而导致烫伤。

事实上，水沸腾后我们看到的白色热气并不是水蒸气，而是水蒸气被周围的空气冷却后形成的液体，也就是说，“白气”的真实面目是小水滴。

在潜热的概念中，物质从液体变为气体所需的热量被称为“汽化热”（如图 3-2），在我们身边常见的物质中，水的汽化热是最大的。

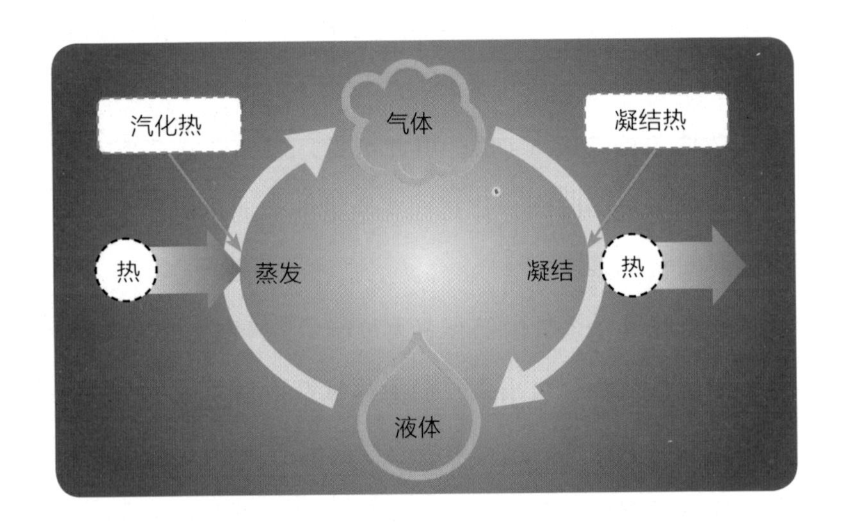

图 3-2 热量转移引起的状态变化

前面我们提到，水蒸气变为相同温度的沸水会释放出热量，从而导致人体被烫伤，但另一方面，汽化热大也意味着当水蒸发时会带走周围大量的热量。

自古以来，人们就习惯于在炎炎夏日洒水降温，这正是有效利用了水的汽化热原理，是人类智慧的体现。

在路上洒水后，被加热的水将会变为水蒸气，这个过

程中会从周围吸收热量，因此，周边的温度也会有所下降。如果汽化热不是很大，那么水在变为水蒸气的过程中也无法使周围环境温度有较为明显的下降，洒水也将变得毫无意义。

人感觉热时会出汗，出汗后体温降低，这与洒水降温的原理完全一致。汗水蒸发时，会带走皮肤的热量，因此人体体温才会保持稳定。

工厂和建筑物大多都把水当作冷却物质，正是基于水具有汽化热较大的特性。这种特性在我们的日常生活中也得到了广泛的应用。

为什么水的熔点和沸点高，潜热也很大呢？

事实上，两者原理相同，都是因为水分子之间的作用力很强，所以水分子需要更多的能量才能分离。我将在下一节中具体阐述水具有该属性的原因。

水能在常温下以液态形式存在，这种属性是非常独特的。水蒸发时会带走热量，所以出汗能在一定程度上保持人体的体温稳定。

17

水的秘密在于它键角的角度

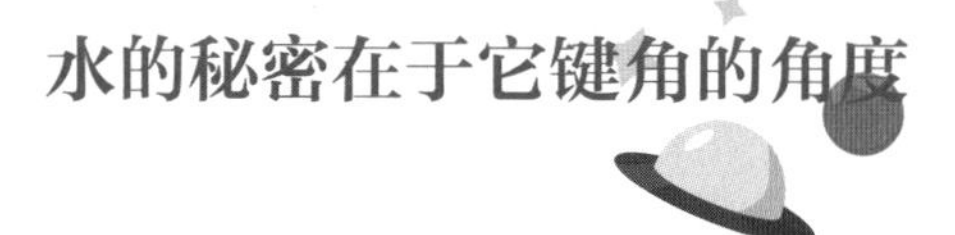

水的独特性源于它很容易形成局域有序的四面体构型，下面我将对此做出详细说明。

如图 3-3 所示，每个水分子均由两个氢（H）原子和一个氧(O)原子组成,氢原子和氧原子的键角为“104.5度”,其实水如此独特的关键就在于这个角度。

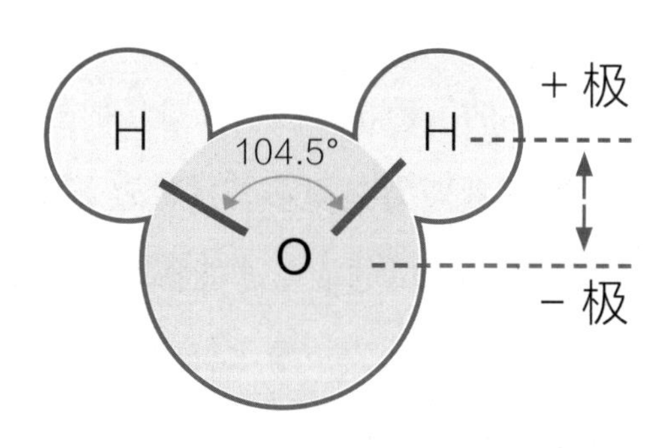

图 3-3 水分子结构图

原子形成分子的一种方式就是靠电子“共享”，形成共价键，水分子就是通过这种方式形成的。水分子虽然在整体上是电中性的，但是共用电子偏向氧原子，使氧原子带负电，氢原子带正电，导致氢原子和氧原子的夹角并不是 180 度的平角，而是 104.5 度的夹角，呈“<”状，这样，水分子的正电荷中心和负电荷中心就彼此不重合，从整体上看就是氧原子“一头”带负电，氢原子“一头”带正电。换句话说就是分子中存在电子偏移。

一个水分子中的氧原子能够和其他水分子中的氢原子通过正负电荷而相互吸引，不同的分子之间相互吸引甚至缔合的作用力，通常被称为分子间相互作用力，具体到水分子，这又被称为“氢键”。就好像是一个水分子中带正电的氢原子和相邻水分子中带负电的氧原子之间通过无形的弹簧连接在一起。

“范德瓦耳斯力”也是分子间作用力，指在所有类型的分子之间都存在的一种相互吸引和排斥的复杂的力。

氢键比范德瓦耳斯力强得多。这代表着连接水分子的“弹簧”很强，需要大量的能量才能将它们彼此分离。

此外，如图 3-4 所示，一个水分子将与四个水分子形成氢键，并由此构成四面体构型。中心水分子是四面体的

核心，而其他水分子是四面体的四个顶点。

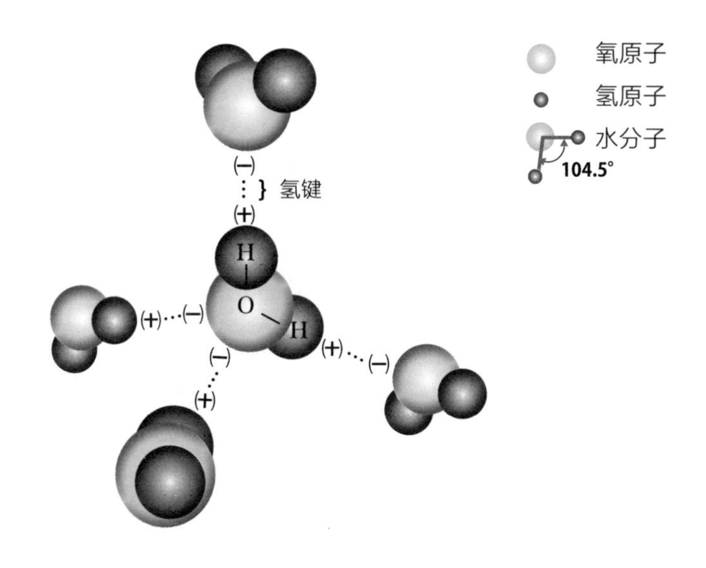

图 3-4 水分子的结合示意图

或者我们把它想象成海岸上的消波块可能更容易理解，消波块是钢筋水泥铸成的四角混凝土块，中心点由水泥块往四个方向伸展，分别对应四面体的顶点。假设一个水分子的氧处在这种四角混凝土块的中心点，那么周围的四个水分子中，两个水分子的氧就会与中心点的氢之间形成氢键，另外两个水分子的氢会与中心点的氧之间形成氢键，使整体成为四面体构型。

有很多其他物质也可以形成氢键，但一个水分子居然可以在四面体的顶点方向（四角混凝土块的形状）与多达四个其他水分子形成氢键。前面已经提到过，氢键的作用力很强，而水分子之间形成的氢键数量又很多，换句话说，水分子之间相互作用力很大，要想通过加热去破坏这些结构需要很大的能量，所以水的熔点和沸点都很高，潜热也很大。

至于说“水为什么容易形成四面体构型”，答案与我在前面的内容中提到的 104.5 度的角度有关。

四面体构型的两个顶点与中心的夹角为 109.5 度，而水分子中氢氧键角是 104.5 度，比 109.5 度要小一点，但是又非常接近，所以如图 3–4 所示，当水分子聚集时，将很容易形成四面体构型。

四面体构型形成后会产生一个空间。特别是冰（固态水），水分子在形成四面体的同时还会整齐排列起来，因此会产生间隙并造成体积的增加。

液态水的水分子有一部分会形成四面体，还有一部分会发生氢键断裂，结构遭到破坏，这时水分子就进入了空荡的空间，因此液态水的密度比固态冰更大，从而出现了冰块漂浮在水面上的神奇现象。

高温水几乎不会形成四面体构型，水的温度越低越容易形成四面体构型。因此当温度从4摄氏度下降至0摄氏度时，水分子在形成四面体的同时也更容易整齐排列，分子间的间隙也将增多，水的密度会降低。

另一方面，如果温度在4摄氏度以上，四面体构型将随着温度的升高而减少，但水分子具有热能后会四处移动，因此水的密度也会降低。综上所述，水在4摄氏度时体积最小，密度最大。

为什么水分子的键角是104.5度

现在我们已经明白水之所以具有这些奇特的性质，主要是源于水分子形成的形状，下一个有待解决的问题就是水分子的键角为什么是104.5度。决定这个角度的主要因素之一是电子所拥有的电量。

一个电子的电量是“基本电荷”，用符号“e”表示，其值为“$1.602\ 176\ 634 \times 10^{-19}$库仑”。就像光速一样，一个电子的电量也是固定值。

如果基本电荷略偏离上述数值，水分子的键角就不会像现在这样。如果角度不同，水的性质就会完全不同。

反过来说，正因为基本电荷是上述固定数值，所以水分子的键角才是104.5度并保持稳定，水也因此成为能够满足人类生存生活需求的物质。

人类至今也无法知晓为什么一个电子的电量是那么多，只是在测量后得出了这个结论。它似乎是随机的，但又处处为生命的诞生提供了条件，实在令人感到不可思议。

水的神奇特性与水分子中氢氧原子间104.5度的夹角有极大的关系。“e”值是决定这个角度的主要因素之一，但“为什么一个电子的电量是那么多”尚不明确。

18

煎锅之所以不粘，归功于水的表面张力

众所周知，水是有很强的“表面张力”的。在表面张力的作用下，当我们在杯子中倒满水时，水面看上去呈圆弧状且似乎马上就要从杯口流下来了，但实际却不会溢出，当我们将水滴落于塑料板上时，水滴也会来回滚动。

表面张力会尽可能减小物体的表面积，当牵引力作用于水分子之间时，表面的分子就会不断被牵引至内部，并尝试与其他水分子聚集在一起，这便是表面张力的作用。

如前文所述，水分子之间有很强的牵引力，因此，水的表面张力也很强。

很多人可能早就对水的表面张力有所了解，但你知道

不粘锅的氟化乙烯树脂涂层也利用了表面张力的作用吗?

如字面所述，氟化乙烯树脂涂层就是将氟化乙烯树脂作为涂层覆盖于锅体表面。这一工艺常用于煎锅，可有效防止食物粘锅。

水和固体接触时，根据固体的类型，水滴状的水可能会受到牵引，表面张力也会被抵消。在前面的内容中，我仅对水的表面张力做出了简单的阐述，但实际上，固体也有表面张力。固体的表面张力通常被称为“界面张力”或“表面自由能”。

固体的表面张力可能很难理解，不过固体也是由分子的集合体构成的，分子间存在牵引力，所以也会产生减小表面积的作用力。固体本身并没有改变形状，而是通过将气体或液体分子吸附在固体表面来减小表面自由能。

当水滴处在具有较强表面张力的固体上时，水滴的表面张力将被抵消并在牵引作用下黏附并且渗透于固体表面。换句话说，具有较强表面张力的固体表面很容易被水浸湿。

相反，表面张力小的固体，牵引力较弱，所以水滴落在上面后依旧会保持原本的形态，也就是说这样的固体表面很难被浸湿。

氟化乙烯树脂的表面自由能比较低，水的表面张力大于氟化乙烯树脂的牵引力，因此在不粘锅表面涂上一层氟化乙烯树脂后，水就可以继续在锅底保持水滴状。

食材粘锅的原因是有物质溶解在水中，并最终黏附于锅体表面。氟化乙烯树脂不会干扰水的表面张力，水能保持水滴状，从而使食材不易粘锅。

如果家中有涂了氟化乙烯树脂的煎锅，你可以尝试向锅中滴一点水，此时大家应该可以看到水滴在锅中来回滚动。

实际上，日常生活中有很多我们熟悉的事物都利用了水的这种性质，例如水分子会相互牵引，因此毛巾才会吸收水分。当毛巾的一部分被水浸湿后，潮湿部分的水分子将与其他部位的水分子之间产生牵引作用，使水向毛巾上较为干燥的一侧移动，这便是我们经常在生活中看到的毛巾吸水过程。当然，这一功能在纸尿裤的设计原理中同样得到了体现。

你小时候有没有做过“神奇的毛细现象”这类科学实验？如果在杯子中装满水，并在里面放入细玻璃管，水会进入玻璃管并略高于杯中水面，水在细管中反重力上升的原因也是水分子在表面张力作用下的相互牵引。

玻璃管越细，里面的水就升得越高。当然，管材也很重要，必须是很容易被浸湿的材质（表面张力较强），否则水将不会上升。

不粘锅的氟化乙烯树脂涂层、毛巾吸水及毛细现象看起来似乎并不相关，实际上它们背后隐藏着同样的原理。

表面张力的强弱由分子间作用力决定。氟化乙烯树脂的表面张力比水弱，所以涂上氟化乙烯树脂的煎锅不会吸水，从而不易粘锅。

19

为什么有人说“纯水”是“剧毒”

水具有很强的溶解性能。例如在煮意大利面时，如果我们在锅里放大量的水，再加一撮盐，盐就会完全溶解。我们平时做菜基本只用一撮盐就足够了，但实际上，100 毫升水能溶解 30 多克的盐，还可以溶解两倍质量的砂糖。

如上所述，水能很好地溶解某些物质，我们熟悉的矿泉水也是在水中溶解钠、钙、钾和镁等矿物质后的产物。

水是我们最熟悉的物质之一，每个人应该都有过用水去溶解各种物质的生活经验，但是“物质溶于水”到底是怎么回事呢?

下面，我将以盐（主要成分为氯化钠）为例做出说明，

盐由钠离子 (Na^+) 和氯离子 (Cl^-) 通过电力作用结合而成，盐溶解在水中会分离为钠离子和氯离子。

另一方面，如前所述，水分子中的氢原子带正电，而氧原子带负电，将盐放入水中后，水分子中的氧原子将向带正电的钠离子接近，而氢原子则向带负电的氯离子靠近，二者各自将钠离子与氯离子包围。最终，钠离子和氯离子被分离，这便是盐溶解于水的变化过程。

“溶解性能强”也是水的特殊性质之一，在我们的生活中经常能得到利用。例如，血液的大部分成分是水。构成血液的液体成分（血浆）中 90% 都是水，血液流经遍布全身的血管，其中的水会溶解并携带物质，可以为全身细胞输送必要的营养物质，并收集不必要的废物。

我们身边的水通常具有很强的溶解性，但也含有大量杂质，最大限度去除掉杂质的高纯度水（纯水）将更为清晰地展示出水的原始特性，同时可以增强其溶解能力。

我看到过一篇新闻报道，内容与“中微子”的观测装置超级神冈探测器有关。

中微子是组成自然界的最基本的粒子之一，基本粒子是不能进一步分解的最小物质单位，宇宙中的任何事物都是由基本粒子组成的。

我已经在前面的章节中介绍过，夸克（构成质子和中子的粒子）是基本粒子的一种，但众所周知，夸克有6种。除了夸克，还有其他类型的基本粒子，例如电子、中微子及轻粒子等。

在观测中微子的超级神冈探测器中，有一个巨大的水箱储存了5万吨水。细节部分我就不再赘述了，简单来说，中微子在水中移动时会偶尔发光，因此研究人员会通过检测其发出的光线来进行观察。

探测器的水箱中储存的是超纯水，其中的杂质已被尽可能地去除。在水箱中，工作人员都是乘船移动，但有一次发生了轻微的事故，正在工作的研究人员不得不在船上等待一段时间。当时，这名工作人员躺在船上，头发被水浸湿了约3厘米，结果第二天一早，该名工作人员就因为头皮剧烈瘙痒而醒来。文章称，之所以会发生这种现象，是因为超纯水从发梢吸走了头发中的养分，导致头皮缺乏营养。

我经常听说高纯度的水进入人体内会产生不良影响，原因是纯水会溶解人体内的矿物质。

我不知道纯水是否对人体有害，但可以肯定的是，纯水具有很强的溶解物质的能力，所以不容小觑。

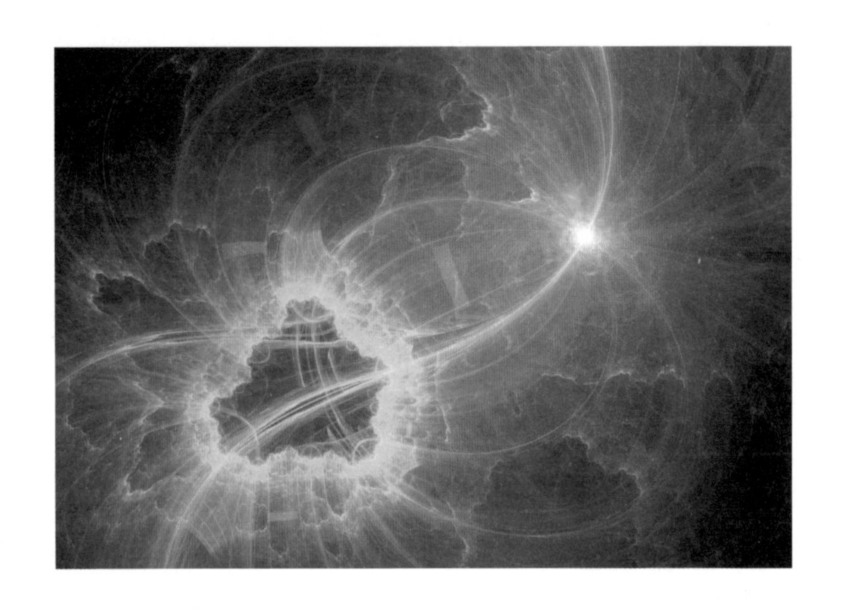

水具有很强的溶解性能，水的纯度越高，溶解物质的能力就越强。

20

生命可以依靠水之外的物质存在吗

人类离不开水，正如我在前面章节中所提到的那样，水拥有着与其他物质不同的神秘属性，这些特别的属性是否是我们依赖水的原因呢？但还有一种观点认为即使没有水，生物也能够依靠其他物质生存。

考虑到宇宙的起源，我认为如果没有由氢和氧组成的“水”，地球上的生物将难以生存。

氢在宇宙诞生后马上便出现了，而氧气却只能在天体中产生，所以氧气最早出现在宇宙诞生1亿年后，也就是宇宙中的第一个天体形成时。

为了使氢和氧结合在一起，天体中产生的氧气必须释放到外部。为此，超新星爆发就显得十分必要了。当天体在其生命结束并发生爆炸时，内部产生的氧气也将散布在宇宙空间。在那之后，氢才会遇到氧，所以水是宇宙诞生数亿年后才出现的。

此外，宇宙诞生后约92亿年（46亿年前），地球作为太阳系行星之一诞生。地球主要由岩石构成，但岩石也含有水。水蒸发为覆盖地球的水蒸气，当整个地球冷却时，水蒸气变为液态水。海洋便是由水蒸气凝结为液态水后倾注于地表的产物，地球上丰富的水资源就是这样形成的。

氧是天体中相对容易制造的元素，但要想满足人类的使用需求，仍然要保证足够的量，所以我们应该庆幸它不是一个复杂的原子，也应该感谢宇宙空间中有大量的氢和氧存在，否则生物将无法充分利用这些元素，也很难继续生存。由此可以看出，只有水奇迹般地拥有我们生存所必需的特性，这是一个不可思议的事实。

考虑到宇宙的起源，如果没有水，生命将很难存活。

21

没有碳元素，就没有生命

除了水，还有其他对生命很重要的物质。例如，“磷”会构成一种名为磷酸钙的化合物，这是骨骼和牙齿的主要成分，并以 ATP（三磷酸腺苷）的形式产生能量。

这更多的是关于化学领域的知识，而非物理学，但我还是想说，ATP 由一种名为腺苷的化合物和三个磷酸组成。当 ATP 在体内分解时，末端的磷酸将被分离出来，储存在交结部分的能量会得到释放。我们的身体会通过这种方式获得能量，开展肌肉活动、呼吸、血液循环和内脏工作等生命活动。

人类并不是唯一依靠 ATP 直接供能的生物，包括其他动物、植物和细菌在内的所有生物都会使用ATP来获取能量。ATP是所有生物都不可缺少的，而磷对于ATP的产生不可或缺。

碳元素也非常重要，它是构成人体的第二大元素，仅次于氧。碳元素外面能够连接四个共价键，在创造生命所需的复杂分子方面发挥着重要作用。因此我们将含有碳元素的化合物称为“有机物”，没有碳元素，生命就无法存在。

我曾在前文中提过，宇宙诞生后，天体中产生了氧气，但在此之前，如果不能产生碳元素，就不能产生氧气。宇宙诞生之后，氢和氦就出现了，以这两种元素为原材料，后来又出现了氧和碳等元素。不过假如一开始没有碳元素的出现，则无法制造出其他元素。

碳元素的产生是一切的先决条件，但碳元素的出现也是一个奇迹。

宇宙中的碳元素是如何形成的？首先，当两个氦（两个质子和两个中子）聚集在一起时，就会形成含有四个质子和四个中子的铍。而碳原子由六个质子和六个中子组成，所以，只有三个氦聚集，才可能形成碳元素，但三个氦的聚集并非易事。

铍含有四个质子和四个中子，其原子核非常不稳定（在

自然界中，铍的原子核里通常有四个质子和五个中子，并以此形式保持稳定），因此很快就会破裂。这时，当一个氦原子核与其发生碰撞时，每六个质子和六个中子就会聚变形成一个碳原子核。即便发生碰撞，六个质子和六个中子也不会轻易结合，这里我就不作过多解释了。在 20 世纪中叶前，人们曾一直探究无法在天体中自然形成的碳元素究竟是如何产生的，碳元素在天体中的形成曾是研究人员口中不可思议的“奇迹”之一。

当时的物理学家们在探索宇宙中碳元素的来源时，发现这与碳元素具备的能量值有一定关系。

一个碳原子核内有六个质子、六个中子，即由十二个粒子组成。既然有多达十二个粒子，就应该可以形成各种不同的状态，例如从能量最低的状态提高一级，再提高一级……假设能量最低状态是“零”，那么更高级别的状态也应该有各自的固定数值，例如零的上一级状态是 X，比它更高一级是 Y……

德国物理学家马克斯·普朗克发现“总能量不能连续改变，而是以不连续的能量子形式从一个值跳到另一个值”，这一发现成为量子理论的基础，他后来也被称为“量子理论之父”，并获得了诺贝尔物理学奖。

碳原子核所拥有的能量也是这样在特定的能量值间跳跃的，而其中有一个值恰好是目前已知的碳原子核能量值，碳元素由此诞生在天体中。就算这个数值仅仅偏离几个百分点，将六个质子和六个中子聚变形成一个碳原子核，它也会迅速破裂，无法生成。

如果不能制造碳元素，就不能制造氧气，当然也不可能制造水。就像电子的电量恰好是现在的值，所以水分子才有 104.5 度这一特殊角度一样，碳原子核能量值也恰好在一串不连续的数值中脱颖而出，因此碳元素才得以出现在天体中。

碳元素是生命的基础，是制造生命所必需的复杂分子中不可或缺的成分。就算碳原子核的能量与现在已知的值差之毫厘，都不可能聚变形成碳元素。

22

宇宙空间是否存在水

如前所述，氢从宇宙诞生之初就存在，而氧则是后来从天体之中产生的。既然天体中产生的物质会散布在宇宙空间，那么按理来讲宇宙空间也应该有水。例如彗星基本就是由冰组成的。

海王星是太阳系八大行星之一，也是已知太阳系中离太阳最远的大行星，其轨道外侧有一个名为“柯伊伯带”的环状“彗星之巢”，那里有很多冰，通常情况下这些冰都在柯伊伯带附近移动，但如果机缘巧合下落到太阳附近，就会被太阳风融化，释放出气体和尘埃后成为一颗闪闪发光的彗星。

火星北极地下也有厚厚的冰层，因为现在火星的温度很低，水无法以液态形式存在，因此才变成了冰。在过去，水也曾存在于火星地表，而且人类已经探测到火星上有水存在过的痕迹。

就像火星上存在冰川一样，除了地球，水本身也可以存在于太阳系中的其他行星，但如果这颗行星比地球更靠近太阳，水就会因为温度过高而变成水蒸气；如果与太阳之间的距离比地球更远，水会因为环境过冷而结冰。

经过观测发现，在太阳系的卫星（围绕行星运行的天体）中，有的星球也存在液态水。

其中之一是围绕土星运行的卫星“土卫二”（恩克拉多斯），该卫星表面被冰覆盖，内部有液态水，水蒸气从表面喷出。起初没人能想到上面会是这样的情况，但是土星探测器卡西尼号在“土卫二”附近拍摄到了像温泉一样有水蒸气向外散发的场景，人类由此发现该卫星冻结的地层下方有水源存在。

同样，木星的卫星“木卫二”（欧罗巴）表面也被冰覆盖，而冰层之下却存在液态海洋。

太阳系除了地球，还有其他星球也存在水资源。

其他星球的水中会有生命吗？

如果在其他星球上发现有水，接下来的问题就是“水中是否存在生命”。

东京大学的户谷友则教授曾写了一篇有关生命在宇宙中形成概率的论文，其研究结果一度引起热议。

关于生命起源的理论有很多种，但其中最有力的一种说法是生命始于“RNA”（核糖核酸）。户谷友则教授在研究中创建了一个方程式并开展了计算，以推导出生命起源 RNA 偶然形成的概率。

研究结果显示，宇宙中的天体数量需要在 10^{40} 个左右，才能达到 RNA 诞生的最小概率。也就是说，必须有 10^{40} 颗天体，其中一颗才有可能有生命诞生，这远远超过了人类目前能够观测到的天体数量。

这意味着在遥远的宇宙空间中发现生命的概率极低。户谷友则教授得出了一个令人遗憾的结论，即不会在地球之外发现任何生命。

你也不要失望，这项研究计算的是生命通过随机化学反应诞生的概率，与地球的生命存在完全无关。

与地球上的生命有着相同根源的外星生命是否存在，

这又是另外一个概念。生命有可能是在某个地方诞生后来到了地球或是其他星体，并不断孕育新的生命。例如，太阳系诞生时，有很多陨石坠落在地球和木星等天体上。如果那些陨石中有生命来源，表明宇宙中除地球以外的星球也有生命存在。

人类正努力在其他天体上开展对生命的探索。

目前人类只能在太阳系内发射和回收探测器，研究人员真的很希望能够在太阳系中探测到一些生命存在的迹象。在太阳系中像土卫二和木卫二这类已经确认有水存在的天体，尤其受到人们的关注。

在太阳系之外或其他更远的地方，人类暂时无法将探测器成功发射并回收，因此只能借助望远镜进行观察，通过“有绿色”“有氧”等生命迹象来调查是否存在生命。假设其他生命的存在机制与地球相似，则叶绿素将是维持人类生命的一大要素，因此人类才会寻找绿色的环境。

如果能在宇宙中发现有天体存在生命迹象，那对人类来说将是一个巨大的飞跃。尽管还没有人发现除地球之外有生命存在，但生命探索已经成为当今较为活跃且发展较快的一个领域。

地球并不是宇宙中唯一存在水的星球。其他存在水的星球可能有生命存在。

CART
SCIE
OBJ

第4章

隐藏在日常生活中的神秘物理学

23

车辆转弯时为什么会侧翻

假如你现在正在乘坐一辆车身很高的巴士，你是否会担心车辆在转弯时发生侧翻？

之前，我乘坐从东京开往筑波的大巴时，在樱土浦高速公路出入口下了高速。在行驶的过程中，车体一度发生倾斜，当时可把我吓坏了，为此我还试图计算出避免大巴侧翻的必要条件。

大巴是否侧翻取决于“力如何作用于重心”。我不知道大巴重心的具体位置，但通过观察，我发现大巴的车顶空间相对空荡，沉甸甸的发动机位于车底；所以，重心也很可能靠近车辆底部。

说起对车辆重心施加的力，如图 4-1 所示，显然其中

之一是向下“推”的力，即“重力”，它可以通过“质量 × 重力加速度（9.8 米 / 秒 ^{2}）”求出。

“施加”在重心上的另一个力是“离心力”。车辆转弯时会有一个将重心拉至弯道外侧（侧面）的力起作用。离心力可通过“质量 × 速度平方 ÷ 转弯半径”计算得出，速度越快，离心力越大；转弯半径越短，弯道越急，离心力也越大。当“向下推的重力”和“向侧面推的离心力”相互叠加时，将有一个力沿二者对角线的方向发生作用。如果这个力作用于轮胎内侧倒也无妨，一旦作用于轮胎外侧，便会导致车辆发生侧翻。因此，重力和离心力相互叠加时的矢量方向很重要。

当矢量方向朝向轮胎外侧时，大巴将发生侧翻

图 4-1 汽车转弯受力示意图

人们普遍认为，大巴越重越不会发生侧翻，实际上车辆的重量（质量）在重力和“离心力”的作用下已经被“抵消”了。矢量的方向很重要，如果知道转弯的半径，就可以计算出在时速达到多少千米的情况下转弯会发生侧翻。

我在乘车时并不知道车辆的转弯半径，所以最终放弃了计算。但在日本其他一些地方，除了有写“前方有弯道”的黄色警示牌，在路边还有“R=100”“R=500”等标识，实际上这就是转弯半径。

大巴和卡车司机可能会在看到上述标识后，凭经验和感觉思考最适合当下的车辆速度。

我们时常会听说货车等发生侧翻事故的消息，这种情况大多由超重引发。曾有报道称，一辆载有 1 000 箱白菜的大货车在路口转弯时发生了侧翻。

货物装车后，车辆重心会上升。如果重心上升，即使重力和“离心力”叠加后的作用力方向（角度）与空车运行时相同，也容易导致车辆发生侧翻。即使速度不是很快，弯道也不是很急，满载货物的汽车也很容易在转弯时发生侧翻。不仅卡车是这样，普通私家车也是如此。如果我们在车顶加装行李，重心便会上升，从而更容易发生侧翻。所以，在这种情况下驾车出行务必要小心。

如果把物理学当作毕生的事业，遇到这种情况就会不由自主地想要计算一下看看，但事实上，很多人都会根据物理定律凭经验行事，驾驶车辆转弯时减速行驶就是比较典型的例子。

此外，在摩托车公路比赛中转弯时，赛车手会从摩托车上探出身体，让自己更靠近地面。因为高速转弯会产生极大的离心力，同时还有很大的侧向力，在这种情况下摩托车发生侧翻的风险也很高，所以，赛车手需要尽可能降低重心来防止侧翻。如果将整辆摩托车向一侧倾倒，重心虽然变低了，但这样做会减慢速度。因此，摩托车赛车手才会在转弯时让身体尽可能靠近地面，避免车速的大幅度下滑。从物理学的角度来看，这是一个特别合理的动作。

如果知道转弯半径和重心的位置，就可以推算出避免车辆侧翻的最高速度。

24

人骑自行车时为什么不会倒

很多人平时都会骑自行车，事实上在骑行期间，“离心力”也发挥了重要的作用。

你还记得自己小时候第一次骑自行车的场景吗？一开始，我们并不知道快要摔倒时应该怎么办，只能眼睁睁看着自己摔倒。但在练习的过程中，我们不知不觉掌握了窍门，骑得越来越稳。

骑车时，如果发现自己快要摔倒，我们通常会急忙转动车把。通过过去的种种经验，这已经成为我们身体的本能反应，因此，我们可能会下意识地向相应的方向转动车把。

如果我们将车把向右转动，“离心力”便会在左侧发挥作用。这与转弯相同，向右转动车把意味着自行车会向

右侧转弯，因此另一侧也会有相应的“离心力”发挥作用，通过力的相互均衡来保持平衡。

我们在骑自行车时就是通过这种方式来调节平衡的。以正常速度骑行时，我们几乎不会注意对车把的操控，但速度越慢，我们就越需要保持平衡。“离心力”的大小与速度平方成正比，如果骑行速度过慢，“离心力”就会变弱，我们必须更用力地转动车把才能保持正常骑行状态。

相反，当我们在高速骑行时，只需轻轻调整车把即可，有时甚至感觉不到自己在转动车把。这时如果大幅度转动车把，“离心力”的作用也会过大，我们反而有可能因此摔倒。

从理论上来说，如果我们加速到一定程度，即使松开车把，自行车也可以继续前行。这时，只要我们稍微控制一下重心，在即将侧翻摔倒时充分利用“离心力”的作用，同样能够保持平衡。但这种行为是违反交通法规的，且极不安全，因此平时骑车还是要按交通法规正确骑行。

通过左右转动车把的方式巧妙地操纵“离心力”，能够让骑行者保持平衡。

25

航天器如何在宇宙空间转弯

虽然这种场景在“生活中”并不常见，但是请大家试着想象一下航天器在宇宙空间转弯时的样子。

首先，在宇宙空间移动的航天器内部会一直处于失重状态，这是众所周知的。但实际上，重力在这时也会发挥作用，只不过里面的人感觉不到罢了，下面我将对此作出详细的说明。例如，国际空间站距离地面 400 千米，以 90 分钟左右绕地球一圈的速度在宇宙空间移动。因为距离地面略远，所以重力相对较弱，但这并不代表它就会失去作用。

不过航天器在地球上空运行，这意味着“离心力”作用于它（与地球相反的方向）的外侧。向地心方向作用的重力和“离心力”刚好平衡，所以航天器会处于一种感受

不到重力作用的失重状态。

因此，当航天器直行时，宇航员在里面会飘浮于半空中，就像我们在电视上看到的那样。

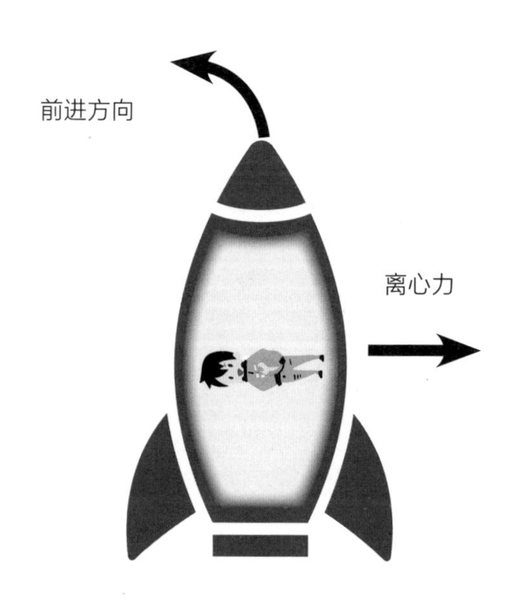

图 4-2 航天器转弯时，宇航员受力示意图

如果航天器突然加力转弯,宇航员将处于怎样的状态?失重状态下，如果航天器转弯，那么只有“离心力”会起作用。换言之，力垂直作用于转弯方向外侧，这将使内部的宇航员们调转方向，垂直于舱壁。可以说，与转弯方向相对的一侧就成了“下方”（如图 4-2）。

如果航天器在宇宙空间中转弯，宇航员就可以垂直地站立在与转弯方向相反的舱壁上。

如果航天器在宇宙空间转弯，将只有“离心力”起作用，受“离心力”作用的宇航员可以站在与转弯方向相反的舱壁上。

26

离心力是什么

离心力在我们的日常生活中无处不在，你可能会认为只有转弯时才有离心力产生作用，但从某种意义上说，直行时离心力同样会产生作用。

简单来说，离心力是一种惯性的体现，正在移动的物体具有按原有轨迹直行的特性。如果想要强制转弯，则必须消除原有的直行力。对于一个即将转弯的人来说，仿佛有一股力量试图让其保持直行，那就是离心力。

从另一个角度来看，一个直线运动的人似乎没有受到任何力的作用。换句话说，离心力似乎只能对不直行的人起作用，对直行的人起不到任何作用，具备一定的相对性。

重力与离心力具有类似的性质。重力是一种向地球中心作用的力，向下的力同样会施加在一个相对于地球保持静止的人身上。

另一方面，当一个人随着物体一起下落时，似乎也不会受到任何力的作用。假设我们在乘坐电梯时，电梯钢丝绳断裂了，电梯会在重力作用下坠落，但里面的人会处于一种失重状态。

重力仿佛只能作用于在地面上静止的人，对向地面坠落的人毫无作用，这就像离心力似乎对一个直行的人不起作用一样。

如上所述，离心力和重力具有相似的性质，其实它们在本质上也是相同的。但是要想了解二者有何相似之处，就必须了解爱因斯坦的“广义相对论”。在广义相对论中，重力是由时间和空间的扭曲来体现的。一旦有物体存在，就会导致周围的时间和空间“弯曲”并产生重力。同样，离心力也可以解释为因时间与空间发生扭曲而产生的力。

但如果只是日常生活中遇到的现象，就大可不必从广义相对论的角度出发，以牛顿力学为基础的计算便足以解读。

要想求得离心力的大小，可以对广义相对论范畴内的时空扭曲进行计算，但这需要微分几何等深奥的数学知识来支撑，最终将得出一个非常复杂的公式。如果用牛顿力学计算，可以用我在有关车辆侧翻的章节中介绍过的初中物理知识来求解。尽管求解方式不同，但可以得到几乎相同的结果。

之所以说“几乎”相同，是因为如果处在宇宙黑洞这种重力极大，或是某个离心力极大的空间，计算结果会有非常显著的不同。在这样的极端情况下，必须通过广义相对论来得出答案，但对于地球上每天都在发生的事件，牛顿力学就足以应付了。

离心力是当我们对抗直行的力时感受到的惯性，在广义相对论中被解释为与重力相同的时空扭曲。

27

LED 灯为什么节能

从本节开始，我想聊一聊生活中常用的家用电器所涉及的物理学知识。

首先是 LED 照明，也就是发光二极管（light-emitting diode）照明。

自 LED 灯普及以来已经过去了 10 多年。LED 的特点是寿命长，比白炽灯寿命长大约 40 倍。此外，其功率约为白炽灯的十分之一。

在解释 LED 灯为何寿命长且节能之前，我先来说明一下白炽灯的发光原理是什么。

简单来说，白炽灯就是把热变成光。前提是一切事物都持续发射电波。电波不可见，但电波和可见光同为电磁

波。比较电波和可见光，可以发现电波具有更长的波长和更低的能量（如图 4-3）。

当电流通过灯泡中的钨丝并加热时，加热时间越长，能量就越高，发射的电磁波波长就越短。当加热至 2 000 摄氏度以上时，便会发出可见光。

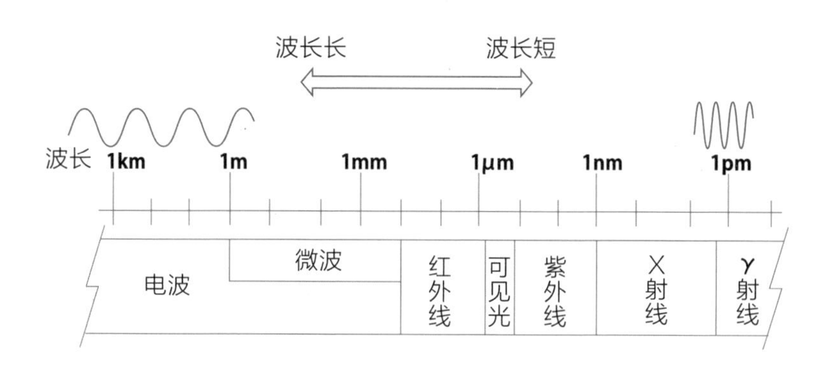

图 4-3 电波和可见光的波长

电流通过灯丝时产生热量，灯丝不断将热量聚集，使得自身温度升高，当灯丝处于白炽状态时就会发出白光，就像烧红了的铁能发光一样。在此过程中，流经灯丝的电被转化为热，而不是光，不仅效率低，还会消耗大量电力。

而 LED 不是将热转化为光。

LED 由两种半导体材料（电流仅沿一个方向流动的特

殊物质)组成,一旦两种类型的半导体结合,当电流流过时,能量在两种半导体的接合部位呈阶梯状下降,多出来的能量将转化为光。

如果让能量阶梯(能隙)与人眼可见的红光、绿光、蓝光的能量相同,它就会发光。

当组成 LED 的物质发生变化时,能隙也将发生变化,从而发出各种不同的光。过去只能发出红光和绿光,直到 1993 年左右才终于出现了高亮度的蓝光 LED,其发明者也在之后荣获 2014 年诺贝尔物理学奖。

为什么需要“蓝光”

在可见光中,蓝光的能量最强,从它的发明者能荣获诺贝尔奖这一点就足以证明高能量的光很难发出。

当年这项荣誉的获奖者有三位,其中一位是中村修二先生。如果你读过他的书,便会发现他经过大量的努力才取得了这样的成果。这项研究没有任何理论指导,研究人员必须考虑多种物质的结合与配伍,还要假设混合少量杂质或略微倾斜后所呈现出的状态等,他们经过反复的实验和长期的努力才取得了这样的成就。

据记载，当时中村先生在德岛县一家名为日亚化学工业株式会社做研究，但周围的人都对他的研究持反对态度，认为“不可能有蓝光 LED”，为此他不再参加任何会议，甚至连工作电话都不接。他似乎还经常在实验室内引发爆炸，所以我一度困惑为什么这样的人都没有被“炒鱿鱼”。后来我才明白，当时的社长，也就是该公司的创始人似乎一直支持他，默默地充当他科研攻关的坚强后盾。

当时，红光 LED 和绿光 LED 的研发已经获得成功，如果能再研发出蓝光，光的三原色就会集齐，因此蓝光 LED 的研发才如此重要。白光由红、绿、蓝这三种颜色的光组合而成，如果能够形成白光，就可以用于照明。

我们眼睛中的细胞可以感知三种光，即红光、绿光和蓝光。反过来说，人类的眼睛只能识别这三种类型的光。将上述三种颜色组合起来，再改变每种颜色的强度，我们才能感受到色彩的魅力。

当红光、绿光和蓝光都很强时，看起来就像是白色，因此白光包含所有颜色。当我们用白光照射某一个物体时，有些物质将吸收红光，反射非红光；而有些物质会吸收绿光，反射非绿光，以此类推。这样，物体看起来就好像有了颜色。假设我们单独用红光照射物体，那么唯一的区别就是这种物体“是容易反射红光还是不容易反射红光”，世间的一切就只能呈现出单一的色彩。单独用绿光和蓝光照射物体也是如此。

蓝光、红光和绿光按一定比例混合可以得到白光，从而才能用作照明。我们的眼睛只能分辨红色、绿色、蓝色。人们对蓝光 LED，也就是最后一种有待研发的颜色灯期待已久，如果这三种颜色集齐，就能够形成白光。

蓝光 LED 与荧光物质结合就能发出白光

白光可以通过红、绿、蓝三种颜色的 LED 组合产生，但这并非主流，当下的主流方式是由蓝光 LED 与荧光物质组合制造白光。

当某些物质被一定波长的光照射时，会吸收光能并重新发射出另一种波长的光，这种光被称为荧光。当一种光照射在荧光物质上时，它只能发出波长更长的光（即低能量光），蓝光在红、绿、蓝三种颜色中波长最短，所以如果我们用蓝光照射某种荧光物质，该荧光物质就可以发出红光和绿光。从这个角度来看，蓝光也很重要。

如今，LED 照明的主流是将蓝光 LED 和某种荧光物

质组合在一起来产生白光，这种荧光物质需要在蓝光的照射下发出除蓝色以外其他颜色的光。现在让我们回到最初的问题，即“LED 照明产品为什么节能”。白炽灯是将热量转化为光，因而需要消耗大量电力；而 LED 可以直接将电力转化为光，工作效率更高。

此外，如果使用白炽灯，在开灯时，用于制作灯丝的材料——金属钨的温度将高达 2 000 摄氏度以上。虽然钨是一种耐热物质，但如果反复加热和冷却，也会不断劣化，因此使用寿命比较短。

与传统照明灯不同，LED 并不会将热量转化为光，而是将电能转化为光能，因此不太可能劣化，使用寿命也更长。

LED 灯可以直接将电能转化为光能，因此工作效率更高，使用寿命更长。

28

微波为什么能加热食物

微波炉是一种用微波加热食品的现代化烹调工具，但它是如何加热食物的呢？有人可能会问“它加热的到底是什么”，答案其实是“水”。微波炉加热的其实是食物中的水分。

顾名思义，微波炉的工作原理是用“微波”振动水分子，加热食物中所含的水，从而达到加热食物的目的。

水分子的键角是104.5度，并且分子内存在正负偏差，氢原子带正电荷，氧原子带负电荷，这一特质在微波炉的工作中也发挥了作用。

电波也称电磁波。电磁波是连续产生“电场”（电力作用的空间）和“磁场”（磁力作用的空间）的波。在电

磁波中，波长比较长的被称为电波。微波也是一种电波。

抛开磁场不谈，如果将电场的波，即“移动电子的力源”的振动想象成电波，会更容易理解。

电波是波，所以当电波到来时，吸引或排斥正负电荷的力源将向上或向下。

每当“移动电子的力源”的方向发生变化时，原本处在随机位置的水分子的正负电子会被吸引，进而发生摇摆。换句话说，水分子会被波的周期改变方向，因此才会发生振动。

分子振动就会产生热，当分子振动时，产生的能量会使水升温，进而使食品整体得到加热。

烤箱与微波炉不仅外形上相似，功能也很相近，但烤箱是通过加热器放射红外线来直接加热食物。当然，烤箱也有不同的类型，有一种烤箱会加热内部的空气，并使热空气发生对流，以此将空气中的热量传递给食物（热风循环方式），另一种是利用烤箱上部和下部的加热管，直接用红外线辐射加热食物（上下加热方式）。

上述两种烤箱的共同点是二者均从表面开始烘烤，所以食物表面会在烤箱的烘烤下变焦。

而微波炉则不同，它不是先从食物表面开始加热，相反，它首先会作用于食物内部，并逐渐完成整体加热。烤箱和微波炉形状相似，但加热机制完全不同。另外，市面上还有对流式微波炉，顾名思义，它既可以像烤箱那样从表面加热食物，又可以像微波炉那样通过微波穿透食物内部进行加热。

之前，我的工作单位高能加速器研究机构（KEK）响起了火警警报。KEK 有加速器（为创造高能状态，将电子和质子等粒子加速至接近光速的装置），还有放射线，所以但凡出现一点儿烟雾，消防队也会及时赶赴现场。

因为惊动了消防队，所以当时闹得沸沸扬扬。当打开门后，人们发现只是有学生将烤红薯放进微波炉加热，导致微波炉冒起了白烟——学生本人也没想到会发生这种情况。

微波炉加热食物，主要是加热食物中的水分，没有水分就无法加热。烤红薯含水量低，水分很快就蒸发完了，随即发生了碳化。

用烤箱加热烤红薯就不会发生这种情况，但微波炉是从食物内部开始加热的，所以跟从外部开始加热的烤箱情况不同。微波炉加热的关键在于水分子以 104.5 度的角度键合，而不是 180 度。如果水的键角是呈水平状态的 180 度，

暴露在电波下就不会振动，如此一来，人类就不能享受微波炉“叮”的一声就把食物加热好的便利了。

微波炉让微波穿透食物，使食物中的水分子发生振动，从而加热；而烤箱则是放射红外线，从食物表面开始加热。

29

为什么微波会干扰 Wi-Fi 连接

日常生活中，微波炉使用的微波频率通常为 2.4 千兆赫。频率指的是 1 秒钟内重复的波数，微波的频率在 0.3 千兆赫到 30 万兆赫（300 千兆赫）之间。

“1 千兆”表示 1 秒钟来回 10^9（10 亿）次的波，因此 2.4 千兆赫是每 1 秒来回 24 亿次的波。

2.4 千兆赫的电波不仅用于微波炉，与无线局域网同义的“Wi-Fi”也具有相同频率的电波。Wi-Fi 中使用的电波有几种类型，其中一种就是 2.4 千兆赫频段，与微波炉用的完全相同。

如果我们将智能手机、电脑、游戏机等连接到 2.4 千兆赫的 Wi-Fi 并靠近正在使用的微波炉，电波将相互干

扰，可能会出现网络连接受限制或无法连接的现象。

干扰指两个以上相同类型的波重叠后相互加强或削弱的现象，如果波峰和波峰重叠、波谷和波谷重叠，则强度放大两倍；如果波峰和波谷重叠，则互相抵消。

微波炉的发明灵感来源于另一种完全不同领域中的微波——军用雷达。

工程师珀西·斯宾塞在美国雷神公司进行军用雷达实验时，发现口袋里的巧克力融化了。在此之前，他也曾注意到产生微波时会发热，但当他看到融化的巧克力时仍感到很惊讶，之后他又把玉米粒放在附近，结果竟然成功烹制出了爆米花，于是他萌发了一个想法：将微波用于烹饪。

微波炉使用的电波并非专属于微波炉的，如果你在使用微波炉时发现难以连接 Wi-Fi，则很有可能是电波相互干扰导致的，这时请先尝试远离微波炉。

在使用微波炉时还要注意一点，那就是电波无法穿透金属，所以如果我们把食物放在金属容器里，电波将不会到达需要加热的食物。例如将罐装咖啡放入微波炉中，包装罐会反射电波，咖啡本身根本不会被加热。铝箔亦是如此，用锡箔纸包装的食物同样不能放进微波炉加热。

把金属制品放在微波炉中加热时，微波会被反射，同时金属表面的电子在电波的影响下将四处移动并逸出，引起放电。我们在看微波炉的使用说明书时，能够看到可以使用的容器和不能使用的容器，这背后都有一定的物理学道理。

微波炉中使用的微波频率为 2.4 千兆赫，部分 Wi-Fi 也会使用相同频率的电波。

为什么热水器与空调的工作原理相同

热水供应在家庭能源消耗中占比较大。“冷媒热泵式电气热水器”是一种比较节能的热水器之一。我们经常听到冷媒热泵式电气热水器这个名字，但是很少有人知道它究竟是什么。

冷媒热泵式电气热水器可以利用空气中的热能烧水。众所周知，烧水必须加热，如果用电烧水，就必须从零开始产生热量。例如，要将 20 摄氏度的水变成 40 摄氏度的热水，这之间的能量差就需要通过电能来补足。

通过冷媒热泵式电气热水器，空气原本具有的热能可以和电能结合起来产生热量。与从零开始产生热量相比，冷媒热泵式电气热水器可以节省电费。

空气的热能变化是通过温度变化来体现。你可能会想，“冬天那么冷，能用冷媒热泵式电气热水器吗”“在寒冷的冬季，环境温度非常低，空气有能量吗”等。

答案当然是肯定的，温度的高低反映分子振动的快慢。无论温度有多低，即便是0摄氏度，空气中也一定有分子在振动。

零下273.15摄氏度被称为绝对零度，是最低温度的理论极限值，这时分子的振动无限接近于零，能量最低。这意味着即使是0摄氏度，也比最低温度高270摄氏度以上，因此分子仍然会不停地剧烈振动。

热量不会自动地从低温物体流到高温物体。要想更好地吸收振动的能量，需要做出相应的努力，而不能只用风扇吸入空气来收集热量。

冷媒热泵式电气热水器使用了“热泵”系统。

在我们对物体施加力的同时，物体温度会升高；而当压力降低时，温度也会下降。冷媒热泵式电气热水器就是利用了这一特性来吸收空气的热量，并将热量传递给水去加热。

具体来说，在冷媒热泵式电气热水器使用的热泵系统中有二氧化碳在循环。如图4-4所示，首先，低温二氧化

碳与空气接触，吸收空气中的热量。当吸收了热量的二氧化碳被压缩时，将变得更热，并产生热能。

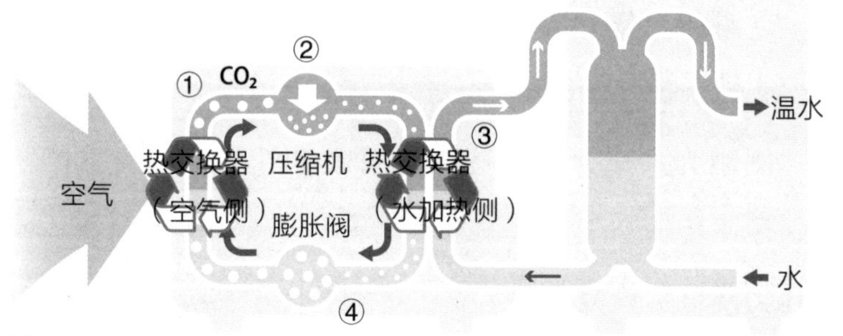

图 4-4 冷媒热泵式电气热水器的工作原理

热量会自发地由高温物体传递给低温物体，因此，当被压缩后产生高温的二氧化碳与水接触时，热量将自动转移到水中，令水升温。

完成热传递的二氧化碳温度降低，对其进行降压处理后，二氧化碳温度会进一步下降，再次变为容易吸热的状态。就这样，它会反复恢复初始状态，并在空气中吸热。

通过这种方式，二氧化碳不断循环并起到传输空气中热量的作用。以这种方式传递热量的介质为“冷媒”，而热泵技术则是利用冷媒等吸收和传递空气中的热能。

空调和冷媒热泵式电气热水器的工作原理相同

刚刚为大家介绍了冷媒热泵式电气热水器的工作原理，用于传输空气热量的二氧化碳反复被加压至高温，或在压力降低后恢复低温。这一过程实际上需要用压力机对其进行压缩或膨胀，所以也需要一定程度的空间和电能，但它消耗的能量比从零开始加热要少得多。

在理想状态下，空气的热能可以用来将水煮沸，但物理定律中有一个热力学第二定律，它认为热量可以自发地从高温物体传递到低温物体，但不能自发地从低温物体传递到高温物体。

热量从低温物体传递到高温物体的确需要消耗一些能量，然而我已经说过很多次了，即便如此，这也比从零开始加热需要的能量少得多，所以冷媒热泵式电气热水器还是很划算的。

冷媒热泵式电气热水器最早出现在 2000 年左右，是

相对较新的产品，但热泵机构本身在那之前已经问世很长时间了，空调便是其中比较有代表性的产品之一。在制热的情况下，就像冷媒热泵式电气热水器一样，空调会吸收空气的热量，将其压缩并进一步提高温度后，便可送出暖风，将热量传递给房间内的空气。放出大量热量后的冷空气会通过空调外机排出。

如果是制冷，情况则正好相反。室内空气的热量被空调吸入，暖空气被排出，被剥夺热量的冷空气将作为冷风被送入室内。

空调制冷时会从外机排出暖风，制热时则排出冷风。不知道空调外机所排出的冷空气和热空气是否可以有效地得到利用，但如果要使用它们，还将需要新的能源。

空调和冷媒热泵式电气热水器的工作原理是相同的，都是利用了物理学中的热力学第二定律，这一定律也体现在许多生活中肉眼看不到的热现象中。

在利用空气中的热量加热水和室内空气的过程中，热力学第二定律得到了灵活的应用。

31

核能发电、火力发电、水力发电有何区别

笔记本电脑或智能手机在使用过程中普遍会发热。从能量的角度来看，计算机会吸收电能并将其转化为热能（在此过程中进行信息处理），所以发热是不可避免的。有人可能会提出，能否有效利用计算机所产生的热量，将其用作笔记本电脑和智能手机的电源，这和上一节中我所提到的空调外机排出的热量一样，我们很难将热量转化为有效能量，可能反而还要消耗能量，这样也许只能让我们的房间变得更热。

发电是将热能等能量转换为易于使用的电能。发电有多种类型，比较典型的有火力发电、核能发电、水力发电、太阳能发电等。在日本，火力发电最为普遍，还有一些地

方使用水力发电；少部分使用核能发电。

我将从最简单的水力发电开始，逐一解释常见的发电方式是如何产生电能的。

简单地说，水力发电是将水从高处流向低处时的“势能”（重力能）转化为电能。当水从高处流向低处时，涡轮机（叶轮）借势转动起来，连接到涡轮机的发电机也将运转并产生电力。

至于发电机的工作原理，你小时候在科学课上做过用线圈和磁铁完成发电的实验吗？当磁铁靠近或远离由电线缠绕而成的线圈时，线圈内的磁场会发生变化，N 极和 S 极交替出现，从而产生电流。这种现象是“电流诱导”，而流动的电流则是“诱导电流”。

发电机的机制与上述实验完全相同，发电机由大线圈和大磁铁组成，通过线圈或磁铁旋转产生诱导电流并发电。

如果一个物体从高处向下做自由落体运动，起始位置越高，落下的速度就越快。在水力发电中也是高度差越大，水流速度越快，产生的电量也会越多。

有关水力发电的说明先在此告一段落，其实火力发电、核能发电、风力发电、地热发电等同样都是利用“转动的涡轮机带动发电机运转后进行发电”，但在进入这个流程之前，各种发电方式在“如何获得动能”方面存在差异。

在火力发电的情况下，热能将被转换为动能。换句话说，它的原理和蒸汽机相同。

在火力发电中，人们燃烧液化天然气、煤和石油等燃料来给水加热，水煮沸后会产生水蒸气，与初始的液态水相比，其体积会突然增加，因此对容器的压力也会增加。在该压力下，水蒸气将高速喷出并转动涡轮机，之后便进入到了与水力发电完全相同的程序。转动涡轮机的水蒸气将在冷却后恢复水的状态，在锅炉中再次被加热变成水蒸气。

核能发电与火力发电非常相似，同样都要将水加热，只是用于加热的燃料不同。原子核与粒子碰撞后会变为其他原子核，核能发电便是利用这种反应产生的能量给水加热，通常情况下使用的是铀原子核。

当中子冲击铀原子核时，原子核将分裂成两半。此时它的质量会有微弱下降，但核反应中的质量亏损意味着它将释放大量能量。

你可能会质疑，为什么原子那么小却会释放巨大的能量。这的确是不争的事实，即使原材料很小，它仍然蕴含着极大的能量。

其实根据爱因斯坦的“$E=mc^2$”就能推导出这个能量，这也是世界上最著名的方程式。换句话说，它是质量乘以光速的平方得到的值。原子核分裂减少的质量虽然极小，但光速为每秒 30 万千米，它的平方将是一个巨大的数值，因此两者相乘后得出的能量值仍是巨大的。该能量将水加热后产生蒸汽，之后再通过与火力发电相同的机制发电。

不使用动能的“太阳能发电”

水力发电是将水势能转化为动能，而火力发电和核能发电则是通过将热能转化为动能来发电。至此，我所介绍过的所有发电模式都是将其他能量转化为动能后使发动机运转，应急防灾的手摇式发电收音机等也是如此。

太阳能发电是唯一不使用动能的常见发电方法。我曾在之前出版的书中介绍过太阳能发电，在这里我将再次作出简要说明，太阳能发电利用了“光电效应”，即在光的照射下产生电流。

白天阳光照射太阳能电池板（太阳能电池）时，太阳能电池板吸收太阳能，在光电效应的作用下，会产生大量电子，我们也由此得到了电流，这意味着太阳光的能量将直接转化为电能。在各种发电方式中，只有太阳能发电的原理是独一无二的。

火力发电、核能发电、水力发电都是在转动涡轮机后发电，火力发电与核能发电通过热能产生动能，水力发电通过水的势能产生动能。

32

在地球上能不能创造“太阳”

目前，火力发电的能源供应量最大，但最高效的发电方式还是核能发电。如前所述，核能发电仅需使用少量原材料就能释放巨大的能量。

在火力发电中，燃料燃烧产生的大部分能量都变成了热能，效率低于核能发电。除此之外，火力发电还有一些缺点，例如燃料费高，燃料焚烧时会产生大量的二氧化碳，导致全球气候变暖等。

核能发电的问题在于其安全性。核能发电利用了铀核发生核裂变时的能量，这一点与原子弹爆炸无异。不同的是，核能发电不是让铀核一下子发生裂变，而是在控制之下使核裂变缓慢发生。

有的铀容易发生核裂变（铀 235），有的则不太容易发生核裂变（铀 238）。在核能发电中，容易发生核裂变的铀 235 的含量只有百分之几，通常情况下，人们会利用控制棒吸收在核裂变中产生的中子等方法来控制核裂变反应，降低分裂速度。构成原子弹的大多都是容易发生核裂变的铀 235，所以它们会一个接一个地发生核裂变，瞬间释放出巨大的能量。

三里岛事故和切尔诺贝利事故都是由于反应失控，引发了像原子弹一样的突发核裂变造成的，东日本大地震时也出现过同样的现象。

基于像核能发电这种利用核反应来发电的模式，多年来，人们还一直在研究利用氢核聚变产生能量进行发电的“氢能发电”。

太阳和其他天体发光的能量来源于核聚变。用于核能发电的铀是非常重的原子，分裂时会释放出能量。太阳主要由氢构成，氢原子的质量较轻，当原子发生聚变时造成质量亏损并释放能量。

氢能发电的目的是将氢核相互黏附后形成氦（核聚变）时释放的能量加以利用，这和太阳内部所发生的现象一样，因此核聚变研究也被称作“人造太阳研究”。

铀是一种有限资源，特别是容易发生核裂变的铀是自然界中的稀缺资源，如果持续使用，必将会耗尽。氢取之不尽，不必担心枯竭，因此长久以来一直被称为“梦想能源”，但氢能发电至今仍未实现。

氢能发电最大的问题是安全问题，如果在短时间内发生大规模核聚变，那就会变成氢弹，所以我们必须对其加以控制，降低核聚变的发生速度，确立少量多次提取能量的方法，但这很困难。从我听说“马上就可以实现氢能发电”以来，已经过去几十年了，世界各地的研究仍在继续，但这仍然只是一个梦想。

火力发电作为一种主力发电模式，其缺点是效率低、二氧化碳排放量高；氢核聚变发电的研究也在进行中，但安全问题仍有待解决。

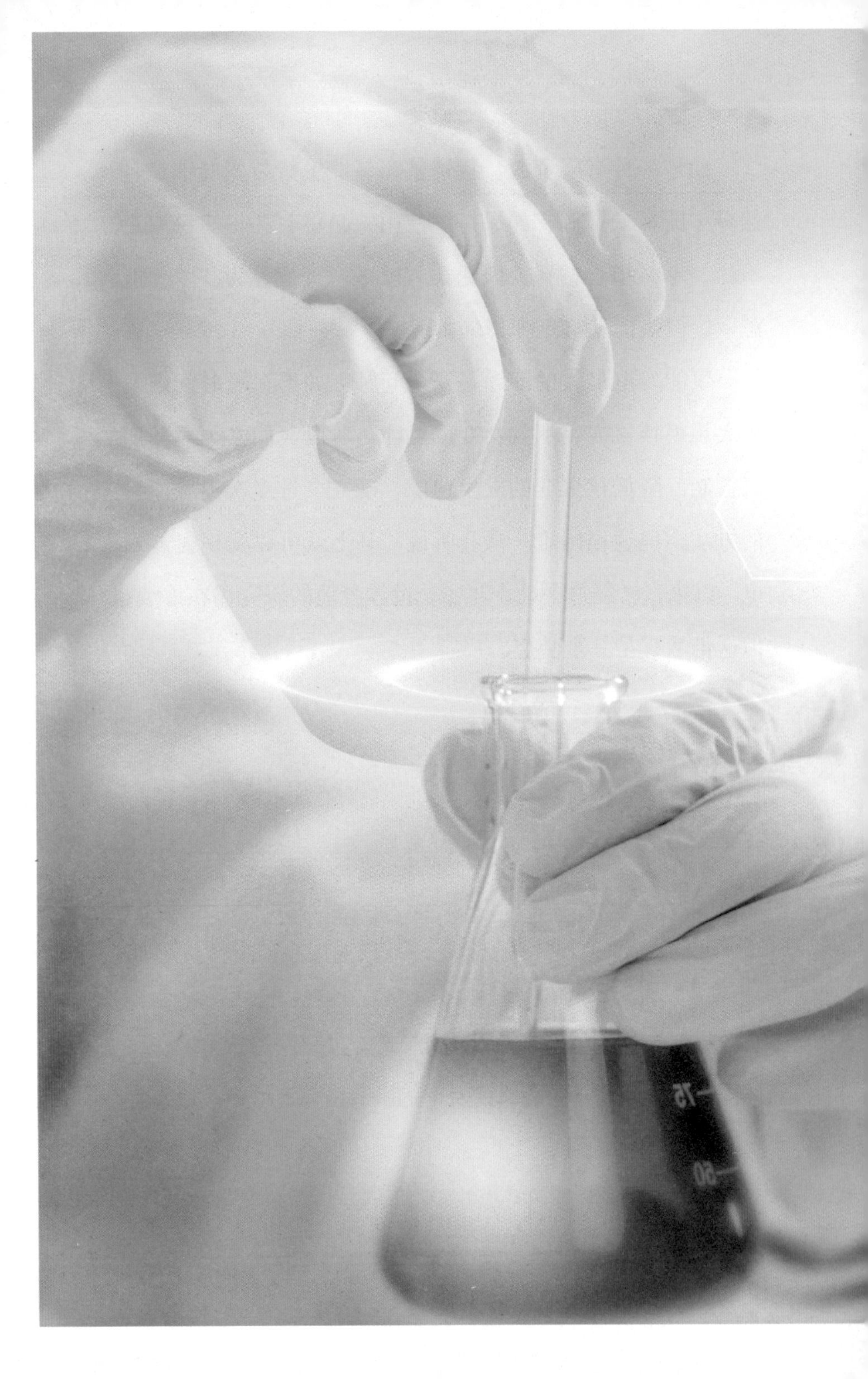

第 5 章 对医疗产生深刻影响的物理学

33

体温计要用到什么物理学原理

我曾给医学系的大学生上过物理课，也举办过以医学物理为核心内容的讲座，事实上，物理学在医学上得到了相当广泛的应用。

体温计对我们来说再熟悉不过了，即便只是一支小小的体温计，也完美体现出了物理学时时刻刻存在于生活中。

随着温度的升高，分子的振动会变得更加强烈，每个分子都将占据更大的空间，因此物质的体积会随着温度的升高而增加，这被称为“热膨胀”。

在过去，热也被认为是一种物质。人们认为就像电流由电子流动产生一般，温度可能会因为一种名为“热素”

的物质发生转移而出现变化，因此热素曾被认为是一种元素，这就是所谓的“热素说”。例如，当触摸温度高的物体时，我们会感到“温暖”。热素说认为，物质的温度是由热素含量决定的，当触摸温暖的物体时，热素将会转移到我们的手部，从而让手变得温暖。

当然，热素说是错误的。热是分子的能量，热传递是能量的传递。物体的冷热程度用温度表示，所以温度是比较物体冷热程度的物理量。从分子运动论观点看，如果分子的能量增加，分子的运动就会增加，而温度就是物体分子运动平均动能的标志。

关于“体温测量方法”，传统的体温计利用了液体随温度升高而膨胀的特性，通过观察体积的膨胀来测量体温。

水银很容易传递热量，而且体积随温度发生的变化很小，因此经常被用于体温计中。有人说体积随温度发生的变化越显著，似乎更容易辨别温度上的差异。如果膨胀幅度过大，测量部分和膨胀后的顶端部分的温度就会不同。如此一来就会增加误差，这不符合体温计的功能要求。人们特意选择了将温度发生变化时膨胀系数较小的水银放入细玻璃管中，通过观察水银的体积变化来测量体温。

目前电子体温计的应用极为广泛，在其测温部分含有一种物质，当温度升高时，电流流动得更快，而电子体温计正是通过测定电流的变化来测量温度的。

使用水银温度计时，我们必须等待身体将热量传递至水银，使其体积发生膨胀；电子温度计会在大约 10 秒或 30 秒内发出“哔哔哔”的蜂鸣声，并显示体温。不过，这只是“预测体温”。

发出“哔哔哔”声时，电子体温计的温度其实尚未升高，它是根据温度变化的规律进行了计算——假设在此状态下测量 10 分钟，电子温度计将达到什么温度——之后将计算结果显示了出来。

归根结底，电子体温计显示的测量结果只是预测值，并且因测量部位而异，所以在腋下测量时，除非将体温计紧紧地夹在腋下，否则无法准确预测温度。其实，如果想要更加准确的测量结果，最好还是等电子体温计的温度真的升高；但如此一来，测量腋下温度将需要 10 分钟左右。

1 秒测温的“耳朵电子温度计”

除上述两种体温计外，还有一种耳朵电子温度计，这

种体温计是将探针插入耳道测量鼓膜的温度，特点是用时很短，只要几秒钟就能测量出耳部的温度。

耳朵电子温度计测量的是身体发出的电磁波，我们的身体会不断地发出肉眼不可见的电磁波，事实上，凡是高于绝对零度（零下 273.15 摄氏度）的物体都会辐射电磁波。

我曾在本书第 4 章中提到过，“电子振动时会产生电波（电磁波）”，但不仅是电子，带电粒子在有加速度时也会辐射电磁波。

温度的本质是分子、原子的内部振动的动能，温度越高，振动越剧烈。原子和分子中又有带负电的电子和带正电的质子，当一个物质有温度且原子与分子在振动时，其中的电子和质子也会振动。如此一来，该物质便会发射电磁波，一切温度高于绝对零度的物体都会产生电磁辐射。

物体发出的电磁波的性质会随着温度的变化而变化。温度越高，发射的电磁波波长越短，电磁波的能量越大。换句话说，物质的温度越高，它发出的电磁波就越强。

在室温下，物质会发出“红外线”，其波长比可见光更长（能量更小），比电波波长更短（能量更大）。红外线传感器在我们身边得到了十分广泛的应用，例如自动门、遥控器、空调的人体传感器等。

人体的正常体温在37摄氏度左右，在这样的温度下（更确切地说，是接近常温的温度）会发出约10微米的红外线。随着温度的升高，人体发出的红外线能量也会增加。

物理学定律现在已经阐明了温度、能量、波长三者之间的关系，所以如果我们知道物体发射出的红外线能量，自然也就可以推算出温度。

耳朵电子温度计就是通过红外线传感器即时感应鼓膜发出的红外线能量来测量体温。近几年，受新型冠状病毒的影响，我们经常在商店与公司的入口处看到对准额头和颈部测量体温的非接触式体温计。这种体温计测量的是暴露在外界空气中的皮肤，所以似乎不如测量鼓膜温度的耳朵电子温度计准确，但两者的工作原理是相同的，都是通过红外线能量来测定体温。

我们经常可以在电视购物节目中看到显示温度变化的彩色图像，商品推介人会一边手指彩色图像一边侃侃而谈，“使用本产品后，体温发生了很大的变化”等，事实上，这是使用热成像技术进行测量的一种典型应用。

热成像技术原理与耳朵电子温度计完全相同，只要

测量物体发出的红外线能量并以颜色表示结果，便可以呈现出我们在电视节目中所看到的那种区分温度变化的彩色图像。

水银温度计是“热膨胀”的应用；电子温度计利用电流变化来测温度；耳朵电子温度计是“辐射电波”（物体发出电磁波）的应用。

34

为什么夹手指头就能检测血氧饱和度

在来势汹汹的新型冠状病毒肺炎疫情中，“血氧饱和度”作为早期发现肺炎和重症化的指标成为热门话题。血氧饱和度是衡量血液中含氧量的指标，具体而言，它表示的是红细胞中所含的血红蛋白与氧结合的比例。血氧饱和度高于 96% 为正常，低于 90% 往往意味着患者存在呼吸功能不全等症状。

“脉搏血氧仪”是测量血氧饱和度的一种医疗设备，它的形状像晾衣夹，只要夹住手指就可以测量血氧饱和度。

夹住手指就能测量内部流动的血液中氧气的含量，脉搏血氧仪实际上是利用“颜色”进行检测的。人们普遍认为血液是“红色”的，但是血液的液体成分实际上是淡黄

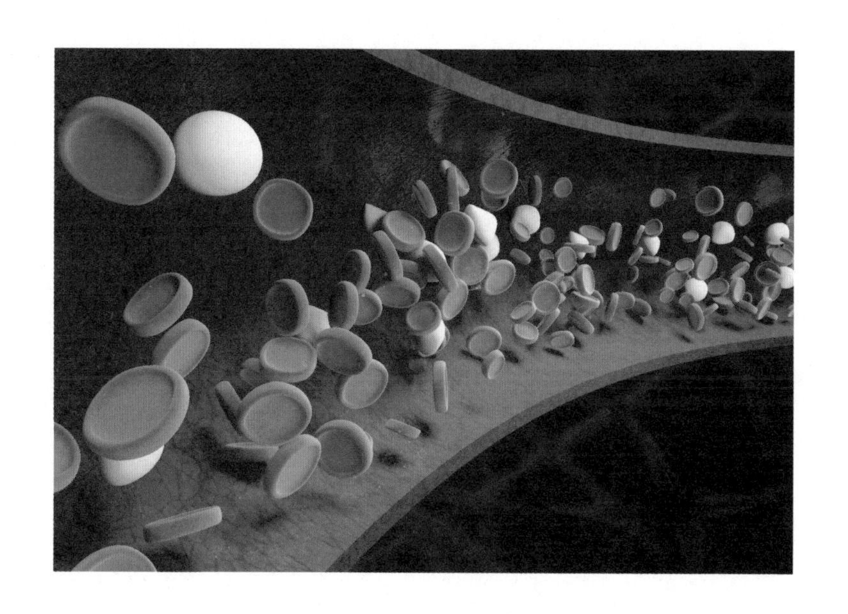

色的，而非红色。血液中的红细胞所含有的血红蛋白是红色的，因此血液看起来才是红色。此外，血红蛋白与氧气结合后，会变成更鲜亮的红色。相反，当氧气含量低时，血液颜色会变暗。因此，脉搏血氧仪是通过检查血液颜色的发红程度来测量血氧饱和度的。

红色物质不吸收红光，相反，它只会反射红光，当我们用脉搏血氧仪夹住手指时，仪器上部会向手指发射出波长为 660 纳米的红光和波长为 940 纳米的红外线。含有大量氧气的红色血液几乎不吸收红光，而是吸收更多的红外线；但含氧量低的血液将会吸收大量的红光，而不会吸收太多的红外线。

因此，只要查看传感器通过指尖接收到的红光和红外线的量，就可以测量两者各自被吸收了多少以及血液中氧气的含量。

通过测量血液对红光和红外线的吸收状况，可以测量血液中的氧气含量。

35

核磁共振成像的工作原理是什么

医学信息可视化种类繁多，可以将身体内部的情况通过图像处理呈现，实际上，X 射线的发现者威廉·康拉德·伦琴、CT（电子计算机断层扫描）的发明者和 MRI（核磁共振成像）发明者都是诺贝尔奖获得者。而他们都用到了物理学知识。由此可以看出，物理学与临床影像诊断密不可分。

其中，MRI 便是通过量子论实现的一种影像检查技术。

我已经在前面的内容中提到，原子是由原子核和电子组成的，而原子核是由质子和中子组成的。如果原子核的质子和中子两者或其中之一是奇数，则原子核将呈现出“自旋”的状态。

当然，自旋指的是量子论中的旋转，不是严格意义上的旋转，因此才会使用“旋转的状态”这种不太严谨的表达方式。

由于身体各个部位都分布着氢原子（水、蛋白质、脂肪均含有氢原子），MRI 的原理是利用氢原子核的自旋来拍摄图像。氢的原子核是一个质子，所以它处于一个质子旋转的状态。一般情况下，原子核会向不同的方向旋转，但是，当通过 MRI 施加强磁场（磁力）时，原子核将以磁力作用的方向为轴心进行自旋，同时还会产生进动（当我们转动陀螺时，它不会沿着某一条直线路径旋转，其轴心会缓慢地在自身转动的平面反复画圆且不断发生偏移，这种运动名为“进动”）。换句话说，进动方向与自旋方向将始终保持一致。

施加与转数相同频率的电磁波（无线电波）后，氢原子核会发生共振并吸收能量。当无线电波停止时，原子核将发射相同频率的电磁波（无线电波）并最终恢复到原有状态。

捕捉到电磁波后，我们可以看到它们来自哪里，从而可以了解氢核的分布。另外，原子核恢复到原始状态所需的时间，取决于氢原子存在的状态（水、脂肪、骨骼等），

因此我们还可以通过电磁波了解氢原子的状态。

如此一来，我们就可以看到身体内部的某个位置有什么，进而获得人体内部图像。

进行MRI检查时，患者通常会被告知“身体不要移动”。实际上，MRI是通过从外部施加磁力和无线电波，使体内氢原子的原子核向某一固定方向运动，并捕获它们发出的电磁波，从而形成身体内部的图像，其工作原理就是量子论范畴内的自旋理论。

MRI显示的是体内氢原子的分布和状态。

36

激光是怎么被发明的

在医疗领域，激光技术得到了十分广泛的应用。激光疗法可以有效去除身体的色斑和痣、预防蛀牙，部分人还会对鼻黏膜实施灼烧激光术来治疗过敏等。我有很严重的近视，激光在准分子激光手术中是必不可少的。出于自己的恐惧，我暂时不会选择手术，但据我了解，准分子激光治疗近视似乎是应用准分子激光手段，通过切削角膜的基质层，改变角膜的曲率半径，从而达到矫正近视的目的。

激光属于单一波长的光，普通光是由各种波长的光混合而成的。例如，白光包括所有颜色（波长）的光，强蓝光也包含各种波长的光。

激光是一种人造光，它是用特殊装置辐射出来的，波长和方向完全相同，它的出现实际上应归功于量子论。

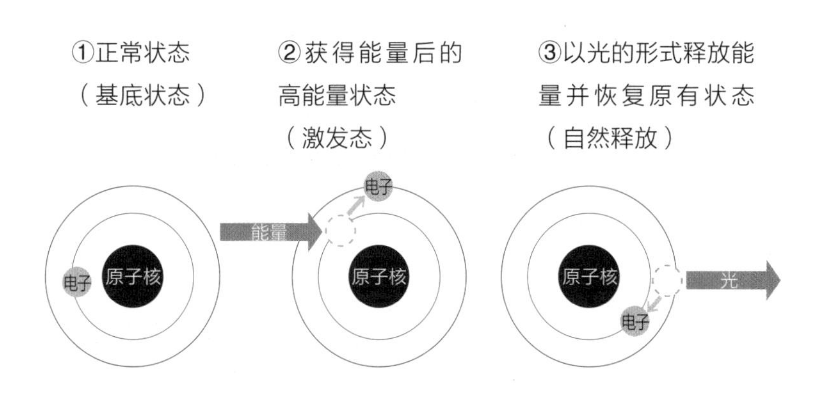

图 5-1 激光激发过程示意图

如图 5-1 所示，原子的能量会根据电子的位置发生变化，“激发态”是指处于稳定状态的电子从外部接收能量后跃迁至外侧轨道的过程，这时能量略有提升。

激发态原子是不稳定的，所以跃迁后不久，电子将释放能量，返回原来的轨道。

此时，能量差以光（电磁波）的形式释放，相同的原子能发射的光的波长是一定的，也就是说只能放射出相同波长的光。换句话说，因为原子所能吸收的能量是持续等距离跳跃的，所以当它从一种能态转变为另一种能态时，产生的能量差总是相同的。

如果用某种光去照射，同时想要得到的还是这种光，那么这个过程会更加容易一些。也就是说，当照射某种光线时，有很大概率会发射出 2 倍与该光线相同的光。这被称为“受激辐射”，是量子论提出的光的特性之一。

爱因斯坦首先在他的论文中提出了受激辐射理论，他并不是在实验中看到了这样的现象，起初这只是一个理论假想。之后，当他寻找受激辐射理论的依据时，发现它竟然来自于量子论。

激光的起源和原理就是受激辐射，当大量原子获得能量处于激发态（高能态）时，一旦从外部发出相同频率的光，光线便会与原子碰撞并发射同样的光，而发射出的光与附近的原子碰撞后再次发出同样的光……具有相同波长的光会逐渐增加。此外，如果我们在两端分别设置一面镜子，光会在它们之间来来去去，这样一来，同样的光会进一步增加。如果波长完全相同的光增加，并且从同一侧发射光线，就可以形成完美的激光光束（如图 5-2）。

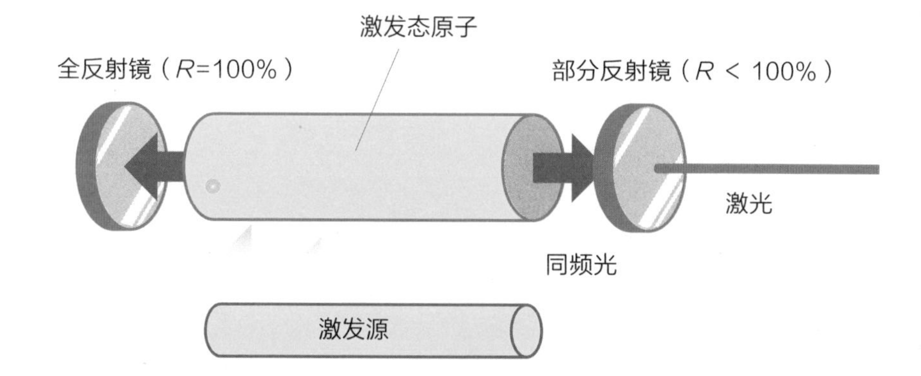

图 5-2 激光的工作原理

普通光包含各种不同波长和方向的光，因此才会分散。例如，手电筒可以照亮我们身边的区域，但它的光线分散，无法到达远方。

而激光发射的是相同波长和相同方向的光，因此光线将汇聚为一条光束沿直线传播到很远的地方，不会分散。现在已经有人在研究能够到达太阳系以外的激光。光有能量，如果我们采用激光作为光源，通过增加激光输出来加强光的能量，甚至可以像医生的激光手术刀一样精准切割。

除医疗外，激光技术还在其他我们所熟悉的不同领域得到了广泛应用，例如 CD、激光笔和激光打印机等。激光的发明起源于量子论，这可以说是爱因斯坦最不为人知的一大成果。

激光原理来源于量子论中光的受激辐射，光的波长和方向完全相同。

37

为什么粒子线治疗可以治疗癌症

放射治疗是癌症的三大治疗方法之一，其中也用到了许多物理学知识。

在医疗上最常用于放疗的是电磁波，例如“X 射线”和“γ 射线”，两者与可见光和紫外线相比，都具有更短的波长和更高的能量。

光线很少能穿过我们的身体，但 X 射线和 γ 射线却可以。因此医疗领域可以使用 X 射线拍摄人体内的图像，例如 X 光检查与 CT 检查。

正如我之前提到的，普通的光和 X 射线、γ 射线拥有的能量是不同的，因此普通的光不能穿过身体，而 X 射线和 γ 射线却能穿过。电磁波通常表现为“波”，但它们也具有“粒子”的特性（量子论就是要解开“量子”的谜团，它既有波性，又有粒子性）。

光粒子的能量比 X 射线和 γ 射线少，所以当它们撞击身体时，能量将被身体的原子吸收并变为热。能量较大的 X 射线和 γ 射线在穿过身体的同时，其中一部分在其运动路径上与身体中的原子发生碰撞，并将原子中的电子剥离至原子外部，这便是“电离”过程。在利用放射线治疗癌症时，电离过程能破坏癌细胞。

电力把原子“拴”在一起形成分子，但当电子剥离时，这种形态就维持不下去了，最终导致分子断裂。此外，电子剥离后的原子将变得不稳定，它会试图捕获周围原子的电子，从而引起新的电离，而放射治疗就是利用射线对癌细胞（实际上也包含正常细胞）的破坏力，起到杀灭肿瘤的作用。

在放射治疗中，除了使用 X 射线和 γ 射线等电磁波进行治疗，还有使用质子和原子核等粒子开展的治疗。

一般而言，使用氢核（即一个质子）的放射治疗名为“质子束治疗”，使用碳核的放射治疗名为“重粒子射线治疗”。

无论是 X 射线与 γ 射线这种传统放射线治疗，还是粒子线治疗，当射线穿过身体时，它们都将与构成身体的原

子发生碰撞，向原子中的电子传递一部分能量，这时，电子将剥离至原子核外部，并持续引发“电离”。然而，不同的放射治疗“容易引发电离的部位”也是不同的，图 5-3便呈现出了这一点。

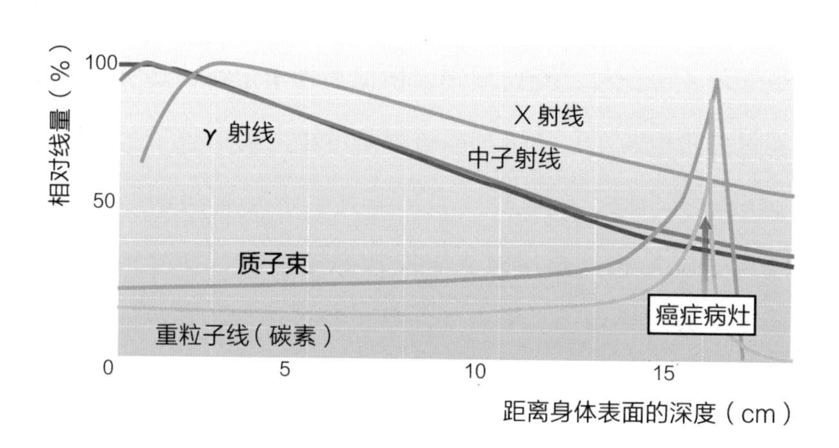

图 5-3 各类放射线在到达人体内各部位的线量分布

在传统放射治疗方法中，能量在进入身体后将立即得到释放，并且在通过身体的同时将能量提供给周围的原子和分子，因此，无论是在到达癌症病灶之前还是在通过后，都会产生电离。

粒子线会精确停在癌症病灶处，并在该部位一举向周围释放能量，快速引发电离。

造成这种差异的原因是X射线和γ射线没有质量，而粒子线中使用的质子和原子核有质量。没有质量的X射线和γ射线与光一样，即使失去能量，速度也不会改变，并且不会停止。

粒子具有质量，如果出现能量损失，其速度会减慢并最终停止。此外，众所周知，根据物理学定律，具有一定能量的带电粒子（质子和碳核都是带正电荷的粒子）入射到靶物质中时，带电粒子会与其路径上靶物质的原子核或电子发生相互作用，从而把一部分动能转移给靶物质的电子或原子核，其损失的能量（给予周围物质的能量）与速度的平方成反比，所以电离作用会在速度停止之前达到峰值。

如果可以发送粒子线并使其停止在癌症病灶所在部位，则只会对癌细胞起作用，而对正常体细胞几乎没有伤害。

在粒子线治疗中，质子和碳核将被加速器加速到光速的七八成，再送入体内。这种“用加速器加速粒子并撞击物质”的技术，也是物理学的一种应用。此外，在通过粒子线开展治疗时，需要进行详细的计算才能确定患者体内癌症病灶的位置，再利用加速器发送粒子。当然，物理学

知识在这一环节也是必不可少的。

粒子线癌症治疗系统需要一个相当大的加速器来加速粒子，因此它还必须具备一个开阔的空间。可进行粒子线治疗的设施有限，目前东京一家都没有。尤其是碳核等重粒子加速需要几十米的距离，这在地价极高的东京可能很难实现。

放射治疗的原理是通过放射线撞击原子后剥离电子的“电离作用”来达到治疗癌症的目的；粒子线治疗使用的是具有质量的粒子，它会在失去能量时停止，且电离作用会在停止之前达到峰值。

38

肌肉活动的能量来源是什么

我们之所以可以灵活地曲臂、伸臂和抬腿等，主要是我们的关节和肌肉在发挥作用。四肢的肌肉能够在人的意识作用下活动，所以又称为“随意肌”。

如果你想活动自己的肌肉，即刻便可实现。这是理所当然的事，但是如果有人问你“肌肉活动的能量来源是什么”，你答得上来吗？

带动四肢的肌肉由名为“肌纤维”（肌肉细胞）的纤维状细胞聚集形成肌束后构成，此外，每个肌纤维还含有成百上千条肌原纤维，且与肌纤维的长轴平行排列。

肌纤维的直径约为 0.1 毫米，像头发一样细。其内部紧密包裹的肌原纤维直径约 1 微米（0.001 毫米），通过

收缩肌原纤维，肌肉也会收缩。

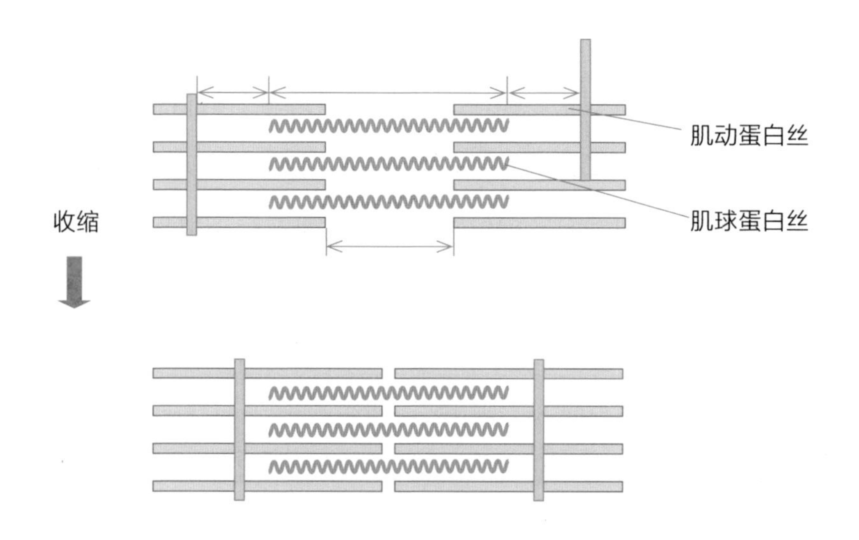

图 5-4 肌原纤维收缩示意图

肌原纤维收缩的原理是什么呢？其实是电力在发挥作用。

如图 5-4 所示，肌原纤维内部排列有名为“肌球蛋白丝”的粗纤维和名为“肌动蛋白丝”的细纤维。当肌肉收缩时，肌动蛋白丝在肌球蛋白丝之间滑动，导致肌原纤维收缩。

“收缩”信号通过细长的运动神经从大脑传递到肌肉

时，将有钙离子从肌纤维的肌浆网中释放出来。钙离子与附着在肌动蛋白丝上的蛋白质结合，从而触发肌动蛋白丝从两侧滑入。

相反，当放松肌肉时，与肌动蛋白丝上的蛋白质结合的钙离子将与之分离并返回到原来的肌浆网，这时，肌动蛋白丝也会回到原来的位置，从而使肌原纤维放松。

的确，这些拗口的词汇让我的说明变得有些混乱，用一句话来概括就是肌肉（肌原纤维）活动是在钙离子的电力作用下收缩或恢复到原有状态的。

之前我患上了肩周炎，便急忙前往骨科就诊，医生为我做了电疗。这是一种通过微弱电流来放松肌肉或缓解疼痛的治疗方法，考虑到肌肉收缩是由电的力量引起的，这种治疗方式应该具有一定疗效。

在患病期间，我也不觉得电疗有什么显著的效果，但疼痛的确有所减轻，足球明星克里斯蒂亚诺·罗纳尔多大家都很熟悉，在他的宣传短片中出现的“智能健身仪”也是使用电流来强制肌肉收缩的。

我们知道在这个世界上有四种最基本的相互作用力，即“引力相互作用”“电磁相互作用”“强相互作用”和“弱相互作用”。已知电力和磁力本质上是相同的，因此

它们被总结成了一种力，即电磁力。“强相互作用”和“弱相互作用”是作用于原子核中粒子的力，在此我将不再展开论述。

强相互作用和弱相互作用是在我们肉眼不可见的世界中产生作用的力，而引力相互作用和电磁相互作用与人类生活密切相关。

肌肉的活动也是如此，是电力的力量使肌肉收缩。不仅是肌肉，大脑向器官传递信息的过程，以及人的各种感觉器官感知到外界信息后，通过神经系统传递到大脑的过程，都是电的力量在发挥作用。

肌肉收缩源自电力作用下，钙离子与肌动蛋白丝上的蛋白质相互结合或分离。

39

怎么物理治疗肩部僵硬和腰痛

许多人都会感觉肩膀僵硬和腰痛，并因此备受困扰。如果从物理学的角度解释为什么会出现肩膀僵硬和腰痛的现象，那便是由于重心越远离支点，就越需要额外的能量，这时身体的重量将不能只依赖于骨骼，而需要由肌肉支撑。例如，人的头颅重量约为体重的10%。体重 50 千克的人头颅约重 5 千克，70 千克的人头颅约重 7 千克。5 千克大约相当于一个 11 磅的保龄球，7 千克相当于一个 15 磅的保龄球，而颈部周围的肌肉便承担起了支撑头颅重量的责任。

如图 5–5 所示，头颅的重量作用于中央部位的重心，“杠杆原理”在支撑其重量的颈部肌肉力量和作用于重心

的头颅重量（重力）之间发挥作用。

杠杆的“支点”位于第一颈椎，即七块颈椎骨中的第一块。即使在面部正常朝前时，头颅的重心也处在第一颈椎也就是支点的前方，所以头颅的杠杆会产生使其向前旋转的作用力，人体通常会通过拉动颈后部肌肉来达到平衡状态。

我们在使用电脑或智能手机时往往会驼背，面部也会向前倾。这时头颅的重心会进一步远离支点，向前旋转的力会增加，所以颈部周围的肌肉必须发挥更大的力，否则将无法平衡，而这将会导致肌肉疲劳，从而引发肩膀僵硬的症状。

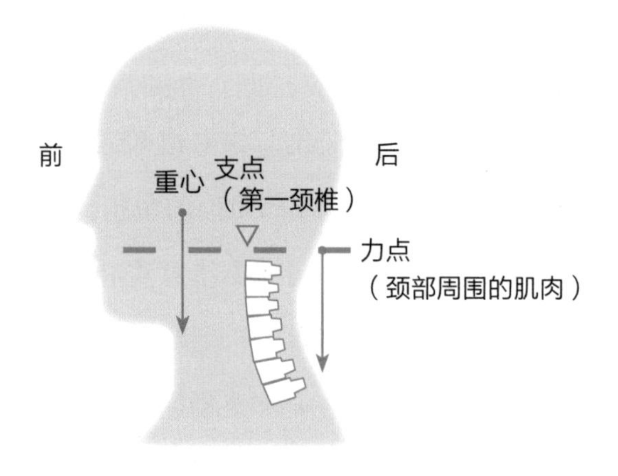

图 5-5 头颅的重心和支点

为避免这种情况的发生，只需要使头颅重心更靠近支点即可，头颅和下巴不要向前探出。

其实这就和跷跷板一样。如果跷跷板一侧坐着一个体重较大的成年人，只要他距离支点足够近，同样能够与另外一侧体重较轻的孩子保持平衡。

头颅的重量不会发生变化，如果你知道重心的位置并适当调整姿态，就可以缓解颈部肌肉的负担。

在提起或搬运重物时，同样要注意重心的位置。腰部是支撑身体的支点，身体前倾时，上半身重心前移，距离支点更远，因此人们常说为了防止腰痛，身体“不应该向前倾”。如果你在身体前倾的同时提起一个物体，根据杠杆原理，腰部周围的肌肉此时既要支撑重物的重量，也要

负担身体上半身的自重，承受的压力就会非常大。

在此，我还要提出另一条建议，即在手持重物时应以身体重心为参照物。当你提起一个物体，或者抱住一个人或动物时，接触部位距离重心越远，感觉就会越重，这就是为什么当你拽一个人的腿时，无论多么用力也很难把他拉动，找出重心的位置并有意识地移动重心，将使你免于消耗额外的力量。

如果知道头颅与身体的重心，适当调整姿态就可以减轻颈部肌肉和腰部肌肉的负担。

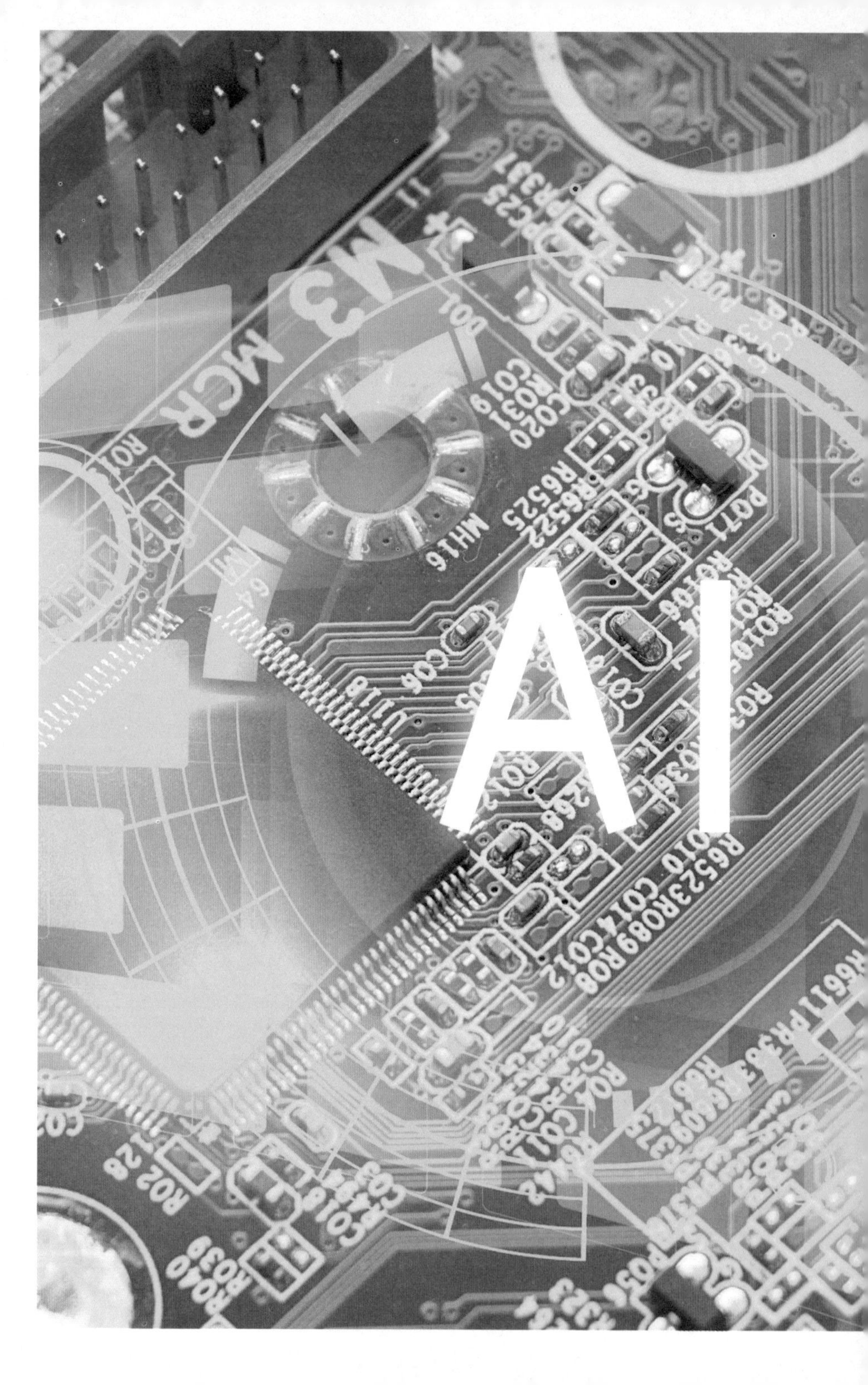
AI

第6章 物理学家的过去和现在

40

物理学家的交流方式发生了什么变化

这一章的主题是“物理学家的过去和现在”，这里的“过去”仅限于我所经历的过去，而非伽利略、牛顿、爱因斯坦等名垂青史的物理大家所处的时代。

大约30年前，我还是个学生，那时的物理学家所处的环境与现在相比可谓有天壤之别。30年前，个人电脑的普及率仅在10%左右，但现在每个人都随身携带电脑，拥有一台电脑对于现代人而言可能是理所当然的。

物理学家主要有两种类型，即“理论家”和“实验家”。理论家会创造新的理论来解释世界上发生的现象，实验家将通过实验证明理论是否正确，而我就是一名理论家。

说起理论家，大家可能会觉得我们都是一个人对着办

公桌发呆，但理论可不会说来就来，因此交流思想很重要。通过研究人员之间的讨论和思想交流，我们才能不断创造出新的理论。

在没有电子邮件的时代，电话、电报和信件是仅有的交流方式，所以在进入研究生院之前，每当需要与海外研究人员交换信息时，我都会把自己的想法写出来，通过信件的方式以海运或 SAL（surface air lifted，也被称作经济航空线路）寄出。海运要一个月左右才能送达，通常至少要在几个月后才能收到回复。

如果使用国际电话或寄国际航空快递，信息交换会很快，且能够保证即时性。这两种方式的成本都十分昂贵，使用起来也不太现实，因此，对需要与海外研究人员交流想法的物理学家来说，免费的电子邮件具有重要的意义。

SAL 是一种比水路运输快但比空邮慢的运输方式，价格介于水路运输和空邮之间，我本人也曾通过 SAL 发送论文。

每当撰写了新的论文，我都会发送给世界各地的学术期刊出版社进行评审。该流程至今没有改变，如果经过评审判断“这篇论文值得刊载”，就会在杂志上正式发表，但在发表之前，我还习惯于给大家发送“预印论文”。

预印论文是在杂志上正式发表之前的论文，写完论文后除了把它寄给杂志社，我们还习惯把印刷本邮寄给自己身边的人以及各大研究所、大学和业内名人，让他们知道自己“做过这种研究”。

从我还是学生时，这种习惯便一直保留着，当时，我们会给 100 多个地方邮寄预印论文，所以每当研究室里有人写了论文，全员都会聚在一起分工合作，将预印论文装入信封、粘贴地址标签（有的大学人手很多，可以分工协作，但也有一些地方是由秘书代替寄送的）。

即便是学生，在完成一篇论文后也会向 100 个甚至 200 个地方发送预印论文，所以每天都会有多篇论文送达行业名人手中。

大约在 1995 年前后，寄送纸质预印论文的习惯发生了改变。

当时，有人在互联网上创建了一个名为“arXiv”的预印论文服务器，邮寄纸质预印论文变成了以文件上传的方式供人查阅。借此，世界各地的研究人员都可以免费下载和查看服务器中的论文。

arXiv 的前身由美国基本粒子理论物理学家保罗·金斯帕于 1991 年创建，他认为邮寄纸质预印论文效率低下，

所以虽然不是个中行家，他还是自己做了这样一个平台。

起初，许多人对在互联网上预先发表自己暂未出版的论文感到不安。即使是现在，一些研究人员也并不习惯在互联网上发表论文，担心“自己的想法被剽窃”。这种论文发表方式很早就被基本粒子研究人员接受了，他们认为“纸质论文邮寄速度太慢，我们应该将论文发表在这里”。渐渐地，仍在观望的其他领域的研究人员也意识到“这很方便”。就这样，该平台逐渐融入了我们的工作中。

在我专业从事的宇宙论领域，对于该平台的使用也略晚于基本粒子领域，但事实上，在金斯帕创建 arXiv 之前，一位名为乔安娜·科恩的宇宙物理学家就曾通过邮件清单的方式对预印论文进行了管理。只不过该管理方式需要定期手动发送论文，因此工作量很大，而 arXiv 只需要将论文上传到平台，就可以自动执行后续操作。

如今，arXiv 已经是全球顶级科研论文库，它改变了多个学科的研究方式，不仅是物理学，统计学、数学和生物学等自然科学领域也一样，没有 arXiv 就无法快速、高效地进行研究。借助 arXiv 平台发表论文后，系统将立即记录在案，如果再有类似内容发表，系统将立即显示“某人已发表”，这样可以防止论文被盗用。

另外，抄袭是论文发表中的一大问题，最近 arXiv 和其他预印论文服务器都会在论文提交后开展某种程度上的自动检查。自查的具体机制并未公布，因此我不了解其中的奥秘；但如果有某个句子和其他论文明显相似，AI 会自动检测并发出提醒。还有一些服务器也可以提供类似的查重服务，如果学生在自己的毕业论文中复制他人内容并尝试提交，也会马上暴露。

30 年前，人们曾通过 SAL 发送纸质预印论文，而现在有很多预印论文共享平台可供世界各地的研究人员进行查阅。

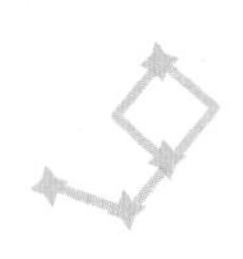

41

网站的出现和物理学有关系吗

我在前文中已经介绍过了，共享预印论文网站“arXiv”的原型是由一位基本粒子理论物理学家创建的。率先使用超文本等机制来关联互联网信息，并将其传播到世界各地，让所有人都可以在任何地方搜索、浏览和使用信息的“万维网”（WWW）之父也是一位物理学者，他就职于一家基本粒子物理学研究所“CERN”（欧洲核子研究组织）。

这个人便是蒂姆·伯纳斯·李。作为万维网的发明者，他曾出现在2012年伦敦奥运会开幕式上，并且在舞台上打出了“This is for everyone”，这一度成为人们谈论的话题。直到现在，他都没有获取有关万维网的任何专利，这就是互联网至今都能免费使用的原因。

此外，日本的第一个主页是物理学家森田洋平创建的，他就任职于我目前所在的高能加速器研究机构（KEK）。他在参加一个国际会议时听说了万维网，并且参观了位于瑞士日内瓦的欧洲核子研究组织，由互联网发明者伯纳斯·李先生向其传授了制作主页的方法。

伯纳斯·李于1989年创建了世界上首个网站，并将他的发明正式命名为World Wide Web，简称WWW。1992年9月，日本第一个网站主页也上线了。

伯纳斯·李是一名计算机科学家，但为什么万维网会诞生于欧洲核子研究组织这个专注于基本粒子和原子核的研究所呢？欧洲核子研究组织是著名的研究机构，发现了“希格斯玻色粒子”这一基本粒子。KEK也在使用加速器对基本粒子和原子核进行研究，此外如前所述，最先推出“arXiv”预印论文服务器的也是基本粒子理论物理学家。

基本粒子研究和计算机研究之间有什么联系吗？事实上，二者之间并无直接关联，但在基本粒子物理学的研究中，必须开展一些大规模实验，使用巨大的加速器将电子和质子等加速到接近光速。实验可能会涉及来自世界各地成百上千的研究人员，并且需要制造各种规模巨大的实验

设备进行研究；因此必须建立一种信息共享机制，以便顺利开展研究工作。

研究基本粒子的科研人员也许是这个星球上最聪明的一群人，如果他们认为“可以”，就会放手去做。他们当中有很多热心的人（当然，可以说所有科学家都很热心），所以当有人想“创建一个机制来整理论文”时，就能真正做出一个完美的系统，实现全世界范围内所有预印论文的共享。

我经常看到研究人员因为自己的兴趣和热情，专注于数据管理和软件开发等工作，结果却导致本职研究停滞不前。

无论是对个人还是企业，网站现在给人的印象就是传播信息的工具，但它们在创立之初却是为了交换物理学领域的信息。

世界第一个主页和日本第一个主页都诞生于基本粒子研究所，最初只是为了交换物理学领域的信息。

42

人工智能会引发世纪大发现吗

近年来，AI（人工智能）在物理学研究等领域不断产生新应用，其热度变得越来越高，给科研带来了深刻影响。现在的一个趋势是但凡需要进行复杂计算的研究，都要“首先使用 AI”。例如在我的研究领域，有一个主题是“宇宙的构造是如何形成的”。首先，我们会通过计算机模拟“如果最初的宇宙是这样的，之后又会创造出什么样的宇宙”，但这并不容易计算；因此我们还要进行大规模的模拟，而这就需要花费较多的劳动和时间。

最近在做过几次大规模模拟之后，我们开始让 AI 记忆数据并进行预测。我们提供初始状态后，AI 会自行开展预测，并在很短的时间内产生与计算机模拟相同的结果。

AI 似乎经常被用于基本粒子研究，例如我们在以光速撞击粒子后，要去观察形成了什么粒子。因为此时会形成大量粒子，所以必须根据撞击部位、撞击时所具备的能量等一系列庞大的数据推导出“当时发生了什么”；而 AI 除了能告诉人们答案，还能解释一切是怎么发生的。

AI 这种“非凡的工具”已经相当先进，它会帮助人们找到前所未有的发现吗？如果只能像传统计算机一样在人类的操控下开展工作，就算处理能力超群，也不会有新的发现。

如果 AI 能够名副其实地发挥如人类一般的智力能力，我相信它一定会有一些新的发现。

物理学似乎无法解释人类意识和思想的诞生，但它们一定具有物质性的一面。人脑通过电信号交换信息，当血清素等特定物质不足时，它的作用性就会变差。如果大脑是由物质控制的，那么 AI 将有可能拥有与人类相同的自我感官和意识。

如果只击中一个粒子，不会有什么特别有趣的事情发生。但依据物理学的基本定律，我们可以预测“之后可能会发生什么”。碰撞到两个粒子时，也不会发生多大的变化，但是当撞击数量达到三个以上时，情况将变得难以预测，而当数量达到 10 的几十次方时，就会出现与基本定律不同的属性，这便是“涌现”。

生命的诞生和进化也是涌现现象，数量不断叠加并累积，甚至达到 10 的几十次方时，通常会在某一节点突然产生质变。

考虑到这一点，随着自身数据量的增加，AI 或许也将发生质的飞跃。

如果数量增加足够多，就会出现与基本规律不同的现象。数据越多，AI 越智能，同时也有可能发生质的飞跃。

43

我是如何走上物理之路的

首先，我要说一声抱歉，在本节中我要分享一些个人经历，其实让我走上物理之路的原因之一，便是“狐狗狸”。

一些人可能不太了解，“狐狗狸”是日本的一种占卜方法，参与者可以召唤出一种叫“狐狗狸”的灵体来进行占卜。

游戏开始时，参与者需要在纸上写好“是、否”“50音”“0~9的数字”“鸟居图”“男、女”等，并把纸放在桌子上，之后在纸上放一枚10日元的硬币。两三个人围着桌子，所有人的食指都放在10日元硬币上，嘴里不停念“狐狗狸，狐狗狸，请你过来”，举行召唤“狐狗狸”

的仪式。这时，硬币会开始移动，这便是成功召唤“狐狗狸”的信号。在大家向“狐狗狸”发问后，硬币将移动到“是”或“否”，又或者是50音中的某一个假名，以此作为回答。

完成“狐狗狸”占卜后，还有一个固定的仪式，参与者需要不停念“狐狗狸，狐狗狸，请你回去”，如果硬币从“是”移动至“鸟居图”，便代表游戏结束；但如果硬币没有向“是”移动，大家却把放在硬币上的手指收回去的话，便视作强制结束游戏，有传说称，这时参与者将引来诅咒或被恶灵附身。

“狐狗狸”游戏在我上初中时就很受欢迎，从来没有玩过的人可能会很不理解：“硬币不可能会自己移动，一定是有人动了什么手脚。”但亲自去尝试后，大家却发现它的确会脱离参与者的意图四处移动。这就是为什么每个人都会为之疯狂，并且表示：“太奇怪了，真不可思议。”

作为一名初中生，我在疑惑的同时，也对这种科学无法解释的现象产生了极大的恐惧。我坚持认为“一定要把里面的原理解释清楚”，所以决定一个人进行尝试。一开始，硬币纹丝不动，但随着我不断地练习，它终于开始动了。

我不是为了要移动那枚硬币，而是想要搞清楚它究竟是出于何种原因才会移动的，所以我试图通过自己

的重复实验来进行验证。结果我发现，如果我在心中默想“希望硬币能移动到某处”，即使我没有移动它，硬币也会自动移动。

如果有人在一旁观看我的实验过程，应该会认为是我在移动它。我是非常认真地在进行实验，绝对不会有意去移动那枚硬币。可是当我在心中默想“你应该移动到这里”或“我想让你移动到这里”时，就好像除我之外还有另一个人在场一样，那枚硬币真的就会发生移动。

换句话说，这是一种自我暗示，而不是灵体的占卜。

实验成功之后，我又和朋友们一起进行了尝试，结果还是一样。我发现其他人在玩“狐狗狸”游戏时，也会通过语言诱导“应该会移动到这里吧”“也许会这样移动吧”，而硬币也真的会不出意料地按照参与者的想法移动到他们想要的答案上。

得出实验结果之后，我就一点儿都不害怕了，我从这次经历中学到的是，人们很容易作出某种暗示。有些人至今仍然会将灵体的占卜视作“狐狗狸”游戏的真谛，但他们只是在不知不觉中依赖于自我暗示，并且以“硬币移动”的形式出现罢了。我从未见过有人在强制结束“狐狗狸”游戏后被恶灵附身，但如果真的发生这种情况，那可能也是一种自我暗示。正是因为有人认为自己“被恶灵附身”等，所以才会把自己身上发生的那些偶然事件与之关联。

这是一个促使我想要“更多地了解物理学”的事件，所以让我至今印象深刻。从初中时起，我就坚信“学习物理将帮助我了解世界的运转模式”。

这种灵体占卜类游戏似乎与物理学完全相悖。经过反复验证后，我终于明白了这并非“灵体占卜”，这也给我自己增添了一份信心。同时，学生时代经历的“狐狗狸”事件也提醒了我——尽管可能不是全部，但科学仍然可以解释大多数神奇现象。

硬币在“狐狗狸”游戏中移动的现象并非灵体占卜，而是一种自我暗示。

第7章

“理所”未必“应当”

44

物体真的存在吗

当一个物体摆在我们面前时，每个人都不会怀疑它的存在，例如这本书摸上去很硬，当然，拿着书的手指也不可能从中穿过。门也是一样，你可以打开门走过去，但不能穿过一扇关闭的门。人类不是透明的，所以无法穿过关闭的门也是理所当然的。人们经常会为日常生活中的一些现象扣上理所当然的帽子，但如果从更细致的角度来看，其实未必如此。

无论是书还是门，任何事物都是由原子集合而成的。我们的身体也不例外，无数的原子聚集在一起形成复杂的分子，继而构成了人体。

原子的结构是什么？一切原子都由带正电的原子核和

若干像云一般散布的电子（一般情况下，人们普遍认为电子会围绕原子核运动，但这一观点已经被量子论否定了）组成。

原子核是极其微小的粒子，其尺寸大约是原子的十万分之一。覆盖在原子核这颗小小粒子上的电子是基本粒子，有质量但没有体积。电子就像是没有体积的点，这么说大家可能会觉得有些难以想象，但如果你想要深入研究，就必须强迫自己进行想象，否则物理定律将无法成立。

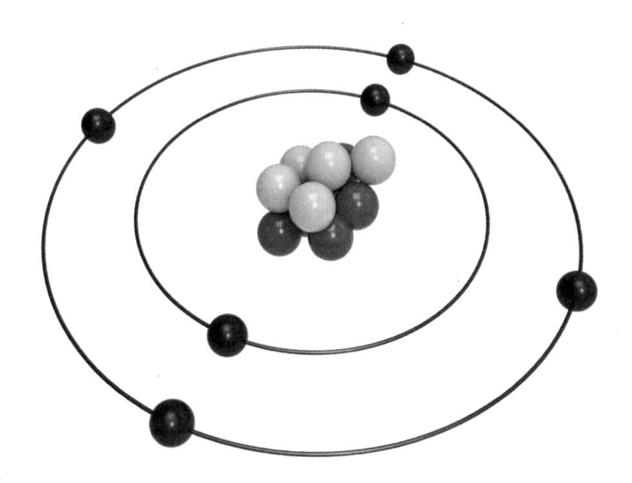

图 7-1 含有质子、中子和电子的碳原子

在原子内部，原子核是被没有体积的点所覆盖，也就是说原子内部其实是空的。

我们手中的书和家里的门，乃至我们的身体都是由空荡荡的原子组成的。由此看来，任何物体似乎都是虚有其表，内容空虚。物体表面的电子和我们身体（手指和手）表面的电子会相互排斥，因此我们才会觉得书和门“硬”，并且无法穿过这些看似内容空荡的物质。电子带负电，当负电子和负电子靠近时，它们将相互排斥，不能进一步相互靠近，构成物体的原子也不会与构成我们身体的原子重叠；所以即使所有物体的本质都是空荡荡的原子，也不能互相穿透彼此。

一个电子的力量并不大，但我们的身体、书、门等都由无数的原子组成，代表着有无数的电子聚集在一起，所以除非我们施加非常强大的力，否则就会产生排斥力，导致彼此无法靠近。如果你施加更大的力，电子和电子间的排斥力就会被抵消，从而使彼此靠得更近，但在此之前物体本身将会破裂。

原子的排列方式不同，所以有一些“柔软”的物体会在受到挤压时改变形状。物体的形状是通过无数原子整齐排列来保持的，但某些物体的原子排列方式是可以发生改变的，那就是“柔软”的物体。例如，冰和水同由“水分子”构成，但冰的水分子排列整齐，原子相互附着，无法改变

自身形状；而水则有多余的空间，原子可以相互附着或分离，从而自由地改变形状。因此冰是坚硬的，而水却可以自由流动。

换句话说，物质有软有硬，其硬度取决于原子的排列方式和原子之间相互作用的力。

在一般人的认知范围里，一个东西如果是“硬”的，那么里面的内容肯定是实实在在的，然而事实上，即使是坚硬的物体，其实质也是空荡荡的原子的集合。

物理学者认为，万物皆由无数空荡荡的原子构成，从这个角度来看，人体似乎可以穿过看起来很坚硬的物体，但基于电子的排斥力，实际上这是不可能发生的。

原子的内部空间是空荡荡的，所以由原子组成的物体和我们的身体也都是空荡荡的。

覆盖原子的电子相互排斥，因此尽管物体和我们的身体都由空荡荡的原子构成，也无法穿过彼此。

45

你以为的就是你以为的那样吗

说起“理所”未必“应当”的话题，我想起之前有过一个规模庞大的火星探测器发射项目，该项目以失败告终，发射的火星探测器也神秘失踪了，后来人们发现是某些工作人员的想当然导致了整个项目的失败。具体来说，是有人把单位搞错了。

美国于1999年发射了一个名为“火星气候探测者号”的火星探测器，它接近火星的过程总共花了9个月的时间，结果该探测器竟然在比计划更低的轨道上向火星靠近，最终神秘失踪。

经过调查，人们发现这一切都是由一个简单的错误引发的，即单位错误。当时，负责轨道计算的团队使用“英

制单位”计算并将数据发送给了另一家公司。然而，他们只发送了数值，因此接收方默认其为“国际单位”数值，并直接使用该数值控制探测器，而未对其进行换算。

9个月以来，他们彼此都没有意识到单位发生了错误，不可思议的是，该探测器竟然能够在这种情况下逐步接近火星。这原本是一个可以立即被发现的低级错误，但“单位”对人们来说太熟悉了，因此没有人真正注意到它。1千克对每个人来说都是一样的“1千克”，比如当我们去买大米的时候，如果包装上写着“1千克”，我们也会理所当然地认为“里面真的有1千克”，这就是单位所代表的含义。

1千克的定义在2019年发生了变化。1799年规定“4摄氏度时1升水的质量是1千克”。如此一来，1千克的质量就跟水的状态分不开了。水的体积会随着气压和温度的变化而变化，所以粗略来看并没有什么大问题，但作为定义，多少有些“不靠谱”。

1799年12月，人类制造了第一块纯白金的千克原器（档案局千克），规定“1千克的定义就相当于其质量”之后，人们又制作了1千克的砝码，并决定将其作为“1千克”的标准。

该砝码最初是由白金制成的，1889年人们又用白金和铂铱合金制成了国际千克原器作为新的标准，并由位于法国的国际度量衡局（今国际法制计量组织）精心保管。此外，其复制品被分发至世界各地，并成为各国1千克的标准。要想知道准确的1千克的质量，就需要称量国际千克原器和各国的复制品。如果频繁取出，将导致其本身附着许多尘土，质量也会有细微的变化；因此，人们之后又在每个国家制作了更多的复制品，并且每40年会把每个国家分配到的复制品收集回来，将它们与原始的国际千克原器进行比较。

想必很多人都会有这样的疑问，就是那些所谓的原器是否能够保持精确的1千克的质量。事实上，无论多么小心地储存，随着时间的推移，原始的国际千克原器和分发到每个国家的复制品也都会发生劣化，误差程度大约为每年1微克（10^{-6}克）。

人们逐渐意识到这种方法并不可取。直到2019年，国际千克原器才被废除，人们才又重新定义了1千克。

“千克”的新定义以量子力学为基础

千克的新定义以“普朗克常数”为基准，普朗克常数

与光速、基本电荷等都是基本物理常数，无论在哪里由谁测量，得到的都是相同的数值。

普朗克是一位德国物理学家，他发现能量只能取离散值，不可以有连续值。普朗克推导出一个公式，认为“光的能量只能以频率的整数倍单位传递”，并将公式的比例常数（即光的最小能量单位）命名为普朗克常数。

另一方面，能量可以通过光速转化为质量。这是爱因斯坦推导出的公式，只要把这两个公式结合起来，且普朗克常数的值是固定的，就可以得出“1 千克等于某质量”的结果。

你可能觉得这很难理解，简单来说，只要能够将普朗克常数的值确定为“某数值”，就能够确定 1 千克的质量。现在最新的普朗克常数为“$6.626\ 070\ 15\times10^{-34}$（焦耳·秒）”。

新标准下的 1 千克与 1 升水、1 千克原器的质量几乎相同，差异极小，即使称重也不会有人注意到。

同样，“米”以前也是由“国际米原器”定义的，但从 1983 年开始便以光速为基准了（从 1960 年开始，一直以光的波长为基准进行定义）。

从当前定义来看，1 米实际上就是光在真空中行进 1/299792458 秒的距离，你可能会认为这根本不是一个整数，不过正是因为人们不希望它的定义与过去的“1米”之间存在矛盾，所以才会出现以上数字。

如果光速是每秒30万千米，“光在真空中传播三亿分之一秒的长度”可能很容易理解，但如果这样计算，1米的长度将缩短0.7毫米左右。

此外，人们还曾根据地球自转设定了“1秒”的定义。然而受各种因素影响，地球自转存在加速或减速的现象，具体的自转速度每年都会发生变化。人们发现很难由此确定精确的“秒”，所以改为根据地球公转做出定义，但这一标准在几年后也被废除了，现在的秒是人们根据原子发出的光的振动周期做出的定义。

具有完全相同振动周期的光来自同一种原子。利用这一特性，1960年人们得出一个结论，即“铯133”原子发出的光振动9 192 631 770次所需的时间就是1秒。

综上所述，质量（千克）、长度（米）和时间（秒）等基本的物理量单位，目前只能由自然规律来定义。

在很长的一段时间内，人们都没有掌握准确测量普朗克常数的技术，所以过去的人们一直将国际千克原器作为千克的衡量基准，直到最近几年才发生改变。人们早就知道，如果普朗克常数的值确定了，1千克的质量就能固定，

但普朗克常数出现在量子世界里，是一个非常小的值，近年来随着量子计算机的出现，量子世界的实验取得了进展，其计算能力已经可以做到比国际千克原器的误差还要小，因此千克的概念才被重新定义。

千克的新定义以量子力学中的普朗克常数为基准。千克、米、秒的定义只能以自然法则为依据。

46

变量越多，事情越复杂

在十多年前，科普作家竹内薰写了一本名为《99.9%都是假设》的书，成了当时的畅销书。他曾在该书的序言中写道："飞机为什么能飞起来？其实科学家也不清楚答案。"

简单地说，飞机的机翼有"升力"，因此它才能飞。升力是在流体中行进的物体在垂直于行进方向上受到的力。换句话说，正是因为试图克服重力使机体向上提升的力（升力）发挥了作用，所以重量极大的飞机才能飞起来。

机翼升力原理是什么？随着飞机向前移动，气流在机翼前被分为上下两个部分，且经过机翼后上方气流的速度较快。

“伯努利原理”是流体力学中的一个定律，已知在同样的流量下，速度越快的地方压力越低。机翼的上方和下方存在压力差，并且有一个向上的力将机体向压力较低的一侧吸引，这个力就是升力。

直到这里都还比较容易理解，但问题是，为什么空气经过机翼后上方气流速度较快？

下面，我将就上述问题的传统解释做出说明，传统解释认为飞机机翼下表面是一个平面，而上表面却呈圆弧状，因此上表面气流流经距离比较长。气流被机翼分为上下两个部分之后将在机翼后方重新汇合，故而空气经过机翼后上方速度较快。

不知为何，似乎所有的地方都采纳了这种解释。有很多书都是这样介绍飞机飞行原理的，所以大部分人都会信以为真。上方和下方的气流并不总是在机翼后方同时汇合，因此这是一个错误的解释。事实上，实验也表明情况并非如此。

为什么飞机机翼上方流速大于下方流速，并且有向上的力发挥作用呢？仔细研究后，我意识到这并不容易解释，这就是“飞机为什么能飞起来？其实科学家也不清楚答案”。

这难道意味着飞机不应该飞上天吗？当然不是。首先，我们要通过“流体力学”搞清楚，像空气这样可以自由变形的流体会如何运动，以及都有什么样的力在做功，在此基础上通过计算机进行模拟，就可以得到飞机能够正常飞行的结果了。虽然我们可以通过计算将飞机飞行的情况再现出来，但如果要解释飞行原理，那就另当别论了。

数量的增加将导致事物出现与基本规律不同的属性

空气是由许多微粒组成的，如果是一个基本粒子的运动，那么根据“在某力的作用下将发生某运动”的基本规律，我们可以毫不含糊地计算出它的状态变化。但是，当基本粒子数量达到三个以上时，计算将逐渐变得困难，若数量进一步增加，则无法立即计算。即使我们了解基本粒子的基本规律，也无法仅凭此解释“流体（基本粒子的集合）的运动”。

在物理学中，大量相互影响的粒子聚集在一起时的运动模式被称为“多体问题”。按理来讲，不管数量如何增加，也应该可以按照基本粒子定律来进行解释；但实际上，随着数量的增加，计算将变得更加困难，并且会出现一些不明确的现象。

此外，随着粒子数量的增加，也会出现与基本规律不

同的性质。这就是我在前面曾提到过的涌现现象。你听说过“熵增”吗？熵用来表示随机变量的不确定性。混乱程度越大，熵值越大；混乱程度越小，熵值越小。你也可以将其视为“信息”的数量。

假设有一个带隔板的箱体，且隔板两侧的温度不同，其中一侧温度较高，而另一侧温度较低。如果抽去隔板，空气将自然混合，原本不同的温度也会统一。如果分别计算抽去隔板前后的熵，可以发现抽去隔板后的熵更高。

相反，在一个恒温的地方加入隔板，温度高的空气和温度低的空气不可能自动区分开，因为空气里的熵不会减少。信息会从信息多的地方向信息缺失的方向流动，但不会从没有信息的地方向有信息的方向流动。

我们都知道熵具有这样的性质，但不能从基本粒子定律中推导得出。基本粒子定律为我们解释了每一个粒子的运动，而熵的概念在大量粒子聚集时方才出现。从这个意义上说，“熵增”过程可以说是出现在粒子数量增加时的一种涌现现象，无法通过基本定律预测。

空气是基本粒子的集合，人类不可能通过每一个基本粒子的运动来预测空气的运动，而流体力学的诞生则将流体本身的运动模式与基本粒子的运动规律区分开来。

在流体力学中有一个区别于基本粒子定律的方程，该方程可被用于预测流体的运动。流体力学与现实生活息息相关，除了飞机，它还可以解释球为什么会旋转、物体为什么会被风吹倒、为什么会出现楼间风（狭管效应）等。

因为受横风影响，美国曾有一座名为塔科马海峡大桥的悬索桥在建成通车仅 4 个月后就垮塌了。事故发生时的风速约为每秒 19 米，算不上大风，但横风作用于桥梁，形成涡流，涡流的发生周期和桥的振动周期完全相同而发生共振，因此桥梁剧烈摇晃并最终垮塌。这也可以用流体力学来解释，但这种情况在当时（1940 年）是难以预料的。

如果想要预测复杂的物体运动，则需整体把握，而不是单纯依据每个基本构成元素的运动来作出判断。

要解释飞机为什么能飞起来，就需要了解流体的运动。

流体通常是大量粒子的集合，但基本粒子定律无法解释流体的运动，阐明流体运动的物理学是流体力学。

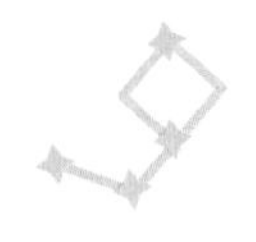

47

候鸟与极光有什么共同点

候鸟是一种随季节轮转周期性进行迁徙的鸟类，且主要是南北长距离迁徙。一种名为北极燕鸥的候鸟每年都会在北极圈和南极圈之间穿梭。我们人类可以辨别方向而不会迷路，候鸟也可以通过感知地磁场分布，让自己不会在漫长的路途中迷失方向。

还有一种说法。候鸟会在迁徙过程中通过天体来分辨路线方向，但天体并不总是在同一个方向，它们会随着地球的自转而变换位置，所以依靠天体来辨别方向需要候鸟拥有十分聪明的大脑，否则这种说法将很难成立。此外，还有实验结果表明，当有电磁波噪声时，鸟类感应磁场的能力将出现紊乱，很容易失去方向感。

磁场是指传递实物间磁力作用的场，整个地球是一块巨型磁铁，S 极在北侧，而 N 极则位于南侧。你可能会认为我说反了，但是之所以我们手中的磁针具有现在这样的指极性，是由于地球的北极磁性为 S 极，吸引着磁针的 N 极；而地球的南极磁性为 N 极，吸引着磁针的 S 极。

地球中心仿佛有一个磁铁棒，磁北极（N 极）处于地理南极附近，磁南极（S 极）处于地理北极附近，其周围的磁感线都是从 N 极（地理南极）出来后又进入 S 极（地理北极），从而形成了覆盖整个地球表面的磁场。

电流在地球内部呈环形流动，因此整个地球才会像一块磁铁一样产生磁场。具体来说这与线圈类似，当电流流动时，通常会在与电流流动方向垂直的方向上产生磁场。

你应该在理科课程中学到过，用右手伸出大拇指，并将拇指以外的四根手指指向电流流动的方向，则拇指的方向就是磁场的方向。地球也是如此。

地球的电流流向与地球自转方向相反，因此才产生了现在这种朝向的磁场。

对于人类而言，因为不能精准探测地球深处，所以无法完全了解地球内部的构造，但可以确定的是，地球的球心（地球中心核）主要由铁、镍元素组成，其内侧（内核）

是固体，外侧（外核）是液体。人们认为，液体部分会在地球自转等影响下缓慢移动，从而导致电流流动并产生磁场。这便是“发电机理论”，这一假说能够很自然地解释地磁场的成因。

地磁场的方向在过去 8 300 万年的历史中曾发生过 183 次反转，因此地球磁场的方向不会永远保持不变，这便是“地磁极性倒转”。最近的一次发生在大约 78 万年前。换句话说，在那之前，我们的磁铁曾一直处于 N 极指向南，S 极指向北的状态。

太阳磁场会频繁地发生逆转，人类已知其逆转周期大约为 11 年，但尚不确定太阳磁场频繁变化的原因以及它的发生机制。

地球的磁极倒转基本可以认为是地球内部的电流方向发生了改变，但细节尚不明确。

然而人类在观察地球磁场时，发现磁场的强度似乎在逐年减弱。有报告称，地球磁场强度在过去 200 年中减弱了约 10%。有专家表示，在不远的将来可能会出现逆转现象，但具体的发生时间和机制尚不明确。

图 7-2 地球磁场是一道屏障

地球的磁层是保护地球的一道天然屏障

可以肯定的是，地球上的磁场为人类的生存提供了保护。

地球是我们生活的地方，正因为有磁场覆盖，使来自太阳的有害放射线不会落在地球上，我们才能健康安全地生活。

不断从太阳中释放的太阳风由质子和电子组成，质子带正电，如果这种粒子越来越多地落在地球上，将会十分

危险。由于磁场的存在，带电粒子只能沿磁感线的方向前进，不会垂直射入磁场。

太阳风中所包含的质子和电子会沿磁感线方向绕地球运动，而不是直接落在地球表面；但是它们会落在北极和南极，也就是磁力线的出处，这便是地球的极光。

太阳风中的质子和电子等带电粒子与南北极上空大气中的氧原子和氮原子发生碰撞，从而形成了极光。被碰撞的原子接收到能量，变成了“激发态”，因此才会发光。“激发态”一词曾在本书第5章有关激光的章节中出现过，但我还是要再次作出说明。当太阳风吹来的带电粒子（主要是电子）与氮原子或氧原子碰撞时，能量被转移到原子中的电子，并导致其跃迁到正常轨道之外，原子的这种状态名为激发态。

被激发的电子是不稳定的，它们会在一段时间后回到原有位置。此时，能量差以光（电磁波）的形式释放，这个光就是我们所熟识的梦幻的极光。

如果地球没有地磁场，就不会有绚丽的极光。

最重要的是，如果地球没有磁场，也就没有屏障可以保护地球免受太阳释放出的有害放射线的辐射，那样我们将无法像现在这样生活，生物可能从一开始就不会存在。

我们的太阳系中有四颗岩石行星，即水星、金星、地球和火星，它们中只有地球和水星有磁场。然而水星的磁场比地球弱得多，此外月球可能也从来没有过像地球那样强大的磁场。

存在强磁场是地球被称为“奇迹之星”的原因之一，我们认为理所当然的每一天，实际上都受到了地球磁场这一无形力量的保护。

候鸟迁徙和极光都与地球磁场有关。环绕地球的磁场就像一道屏障，保护地球免受有害太阳风的伤害，但不是所有的行星都有磁场。

结束语

在我专攻的宇宙论中，“暗能量”是一个主要的研究主题。我们并没有真的了解宇宙暗能量是什么，但可以确定那是遍布宇宙的一种未知能量。

有关宇宙的话题与这本书的书名看似并无关联，但任何人应该都会好奇“蓝天的尽头在哪里”“宇宙中有着什么样的世界”等。

宇宙观测技术取得了飞跃式发展，现在人类已经可以非常精确地估算距离地球大约 100 亿光年的天体发生的超新星爆炸，也由此证明了宇宙的膨胀正在加速。

宇宙诞生于 138 亿年前的一场“大爆炸”，它起初就像是一个炽热的火球，且一直处于膨胀状态。宇宙诞生后突然变大，之后膨胀速度减慢。但仔细观察遥远的天体后，人们发现从大约 40 亿年前开始，宇宙始终在加速膨胀。

宇宙中的天体很多，而且有引力在发挥作用，所以在正常情况下，天体之间存在互相牵引的力量，膨胀的速度应该会减慢。奇怪的是，宇宙的膨胀正在加速，这意味着如果找不到加速的原因就无法解释宇宙加速膨胀的现象。

针对这一情况，人们开始认真思考并且得出了这样一个结论，即“一些我们所不知道的能量在宇宙中广泛而稀少地存在着”，那便是暗能量。

然而，暗能量被认为是宇宙中十分稀少的存在，无法直接观察到。

暗能量目前无非只是一种假设。假设“有暗能量”，我们就可以简单说明现在所发生的现象，“宇宙膨胀速度曾持续递减，但当其膨胀到一定程度时，膨胀的力量战胜了其他力，从而导致宇宙膨胀加速，且之后还将越来越快”，这样的说法自然也可以成立。

然而一些研究人员认为暗能量只不过是一个骗局。如果是这样，人类则必须概括出一个非常复杂的理论，否则就无法解释当下已经发生的一些现象。

暗能量假设现在拥有很高的人气，但无论理论多么美好，除非经过实验和观察证明，否则将不能视其为正确的理论。

为了阐明暗能量是否真实存在、是否是稀薄而广泛存在的能量、是否固定存在于某处等，世界各地的宇宙物理学者都在绞尽脑汁思考新的观察方法。

现在被认为最有前途的研究就是尽可能多地观察浩瀚宇宙中大量存在的星系，通过几十亿光年、100 亿光年以外的遥远光线探索宇宙的膨胀。

物理学把我们从浩瀚的宇宙世界带到了原子和基本粒子的微观世界，它看似与我们的日常生活毫无关联，但正如我在本书中介绍的那样，先辈们的研究成果的确使我们今天的生活变得更加便利了。

现在的未知事物可能在 10 年、20 年或 50 年后就会大白于天下，了解先辈们所推导出的已知法则，也可以帮助我们去探索隐藏在日常生活中的那些熟悉的“神秘现象”。如果我们时常能够像小时候一样对“为什么”乐此不疲，那么眼前的世界可能也会更加广阔。不过即使我们不去探索，对未知事物不存在任何兴趣，也阻止不了宇宙的持续膨胀。

2020 年 7 月

松原隆彦